电力电缆有限空间作业培训教材

国网山东省电力公司　组编

孟海磊　主编

中国电力出版社
CHINA ELECTRIC POWER PRESS

内 容 提 要

为强化电力电缆有限空间安全作业安全管理，防范电力电缆有限空间作业安全事故，结合电力电缆作业特点和风险，特组织编写本书。

本书分为九章，分别是电力电缆有限空间安全基本知识、电力电缆有限空间危害因素及防控措施、电力电缆有限空间安全生产责任制、电力电缆有限空间安全管理、电力电缆有限空间作业安全要求、电力电缆有限空间个人防护用品使用和维护、电力电缆有限空间作业配套安全设备使用和维护、电力电缆有限空间安全事故的常见类型及防范措施、电力电缆有限空间安全事故应急救援与现场急救。

本书可供从事电力电缆有限空间作业的人员阅读使用。

图书在版编目（CIP）数据

电力电缆有限空间作业培训教材 / 国网山东省电力公司组编；孟海磊主编. -- 北京：中国电力出版社，2024.10. -- ISBN 978-7-5198-9098-8

Ⅰ.TM247

中国国家版本馆 CIP 数据核字第 2024Y4H458 号

出版发行：中国电力出版社

地　　址：北京市东城区北京站西街 19 号（邮政编码 100005）

网　　址：http://www.cepp.sgcc.com.cn

责任编辑：罗　艳（010-63412315）

责任校对：黄　蓓　王小鹏

装帧设计：张俊霞

责任印制：石　雷

印　　刷：廊坊市文峰档案印务有限公司

版　　次：2024 年 10 月第一版

印　　次：2024 年 10 月北京第一次印刷

开　　本：710 毫米 ×1000 毫米　16 开本

印　　张：13.75

字　　数：214 千字

定　　价：82.00 元

编 委 会

主　　任　任　杰

副 主 任　雍　军

委　　员　刘兆元　王　浩　胥明凯　黄　锐　渠志江　张　刚

　　　　　马建生

编写成员名单

主　　编　孟海磊

副 主 编　孙晓斌　张茂春　李丹丹　郑　斌　耿　博　冀　勇

　　　　　段玉兵　任　昂

编写人员　魏代坤　史蕾玚　彭　博　苏　菲　赵永贵　刘　洋

　　　　　李彦澄　徐庆文　张丰铎　陈显震　郑爱群　曾　浩

　　　　　程　杨　朱正振　孙腾飞　朱庆钢　王成全　陈中恺

　　　　　赵书楠　段　君　陈　晨

前　言

随着我国经济的快速发展，电力电缆应用越来越广泛。电力电缆相关从业人员需长期在电缆隧道、电缆沟、电缆工井、电缆夹层等有限空间中实施清理、安装、检修、巡视和检查等工作，除面临中毒、缺氧窒息、燃爆等有限空间作业风险外，还叠加触电、高处坠落等电力作业风险。为强化电力电缆有限空间安全作业安全管理，防范电力电缆有限空间作业安全事故，结合电力电缆作业特点和风险，特编写本书。

本书参考安全生产、有限空间作业及电力电缆作业有关法律法规，根据相关标准、规定和规范，总结了电力电缆有限空间安全基本知识、危害因素及防控措施、安全生产责任制、安全管理、作业安全要求、个人防护用品使用和维护、作业配套安全设备使用和维护、安全事故的常见类型及防范措施、安全事故应急救援与现场急救等内容。电力电缆相关从业人员可参考本书开展电力电缆有限空间作业安全管理。

鉴于电力电缆有限空间作业安全管理工作任重而道远，本书虽经认真编写、校订和审核，仍难免存在疏漏和不足之处，恳请广大读者批评指正！

编　者

2024 年 6 月

目　录

第一章

电力电缆有限空间安全基本知识

第一节　安全生产相关规定

一、安全生产总体要求

（一）《"十四五"国家安全生产规划》（安委〔2022〕7号）

为全面贯彻落实习近平总书记关于安全生产工作的一系列重要指示和党中央、国务院决策部署，根据《中华人民共和国安全生产法》《中华人民共和国国民经济和社会发展第十四个五年规划和2035年远景目标纲要》《"十四五"国家应急体系规划》等法律法规和文件，2022年4月，国务院安全生产委员会制定《"十四五"国家安全生产规划》。

《"十四五"国家安全生产规划》指出，"十四五"时期是我国在全面建成小康社会、实现第一个百年奋斗目标之后，乘势而上开启全面建设社会主义现代化国家新目标进军的第一个五年。立足新发展阶段，党中央、国务院对安全生产工作提出更高要求，强调坚持人民至上、生命至上，统筹好发展和安全两件大事，着力构建新发展格局，实现更高质量、更有效率、更加公平、更可持续、更为安全的发展，为做好新时期安全生产工作指明了方向。

《"十四五"国家安全生产规划》强调，实施高危行业领域从业人员安全技能提升专项行动，严格企业主要负责人、安全生产管理人员安全生产知识和管理能力考核，以及特种作业人员安全技能培训考核。加快建设一批高水平的安全技能培训和特种作业人员实操考试基地，加强高危行业重点岗位系列安全生产培训教材开发。实现重点行业规模以上企业新增从业人员安全技能培训率达到100%。加强安全科学与工程及相关学科建设，创新卓越安全工程师培养模式，培育一批既懂技术又懂管理的安全生产复合型人才。按程序和标准筹建应急管理类大学。加强安全科学与工程专业技术领军人才和青年拔尖人才培养，建设一批创新人才培养基地，造就一批高端安全科技创新人才。完善与理论研究、技术创新、装备研发和应用研究等工作相适应的科技人才激励机制。加强注册安全工程师、注册消防工程师等职业资格管理，探索工程教育专业认证与国家职业资格证书衔接机制。加强注册消防工程师资格考试指导。培养安全生产管理、评价、认证认可和检验检测等专业人才。健全安全生产监管干部培养与使用体系，建立安全生产监管干部到基层锻炼的交流机制。

（二）《电力安全生产"十四五"行动计划》（国能发安全〔2021〕62号）

电力是重要基础产业，电力安全生产事关人民生命财产安全，关系国计民生和经济发展全局。做好电力安全生产工作是坚持以人民为中心的发展思想的客观要求，是落实总体国家安全观和能源安全新战略的具体体现。当前，世界百年未有之大变局加速演进，我国经济发展、能源消费增速强劲，"双碳"目标已经明确，多元供给保障能力正在逐步提高，能源转型变革任重道远。"十四五"是开启全面建成社会主义现代化国家新征程、向第二个百年奋斗目标进军的第一个五年，是"双碳"目标启航的关键时期。坚持人民至上、生命至上，统筹发展和安全，按照"三管三必须"❶原则，以"安全是技术、安全是管理、安全是文化、安全是责任"治理理念为引领，大力提升电力安全生产整体水平，确保电力系统安全稳定运行，确保人民群众安康幸福、共享改革发展和社会文明进步成果，是电力行业的重大历史使命。2021年12月，国家能源局印发《电力安全生产"十四五"行动计划》。

《电力安全生产"十四五"行动计划》以习近平新时代中国特色社会主义思想为指导，全面贯彻党的十九大和十九届二中、三中、四中、五中、六中全会精神，坚持人民至上、生命至上，统筹发展和安全，深入贯彻"四个革命、

---

❶ "三管三必须"：管业务必须管安全、管行业必须管安全、管生产经营必须管安全。

一个合作"❶能源安全新战略，把握"十四五"时期电力发展新阶段、新特征、新要求，按照"三管三必须"原则，牢固树立"四个安全"❷治理理念，着力强化企业安全生产主体责任，加快构建科学量化的安全指标体系，全面落实风险分级管控和隐患排查治理双重预防机制，切实增强安全防范治理能力，有效遏制电力安全事故，坚决杜绝电力生产安全重特大事故，为实施"双碳"重大战略决策、推动经济社会高质量发展、实现第二个百年奋斗目标提供坚强的电力安全保障。

《电力安全生产"十四五"行动计划》的总体目标是：到2025年底，电力安全生产监督管理量化评价指标体系基本形成，电力安全治理体系基本完善，治理能力现代化水平明显提升。以本质安全为目标的新技术应用覆盖率显著提高，面向新型电力系统的安全保障体系初步建立。安全文化核心理念实现全员渗透，安全生产责任层层落实机制有效运转。电力系统运行风险有效控制，电力安全生产状况稳定在控，电力突发事件处置应对有力，电力人身责任起数和事故死亡人数趋于零。

《电力安全生产"十四五"行动计划》指出应遵循以下五个方面的基本原则：

（1）坚持安全发展。贯彻以人民为中心的发展思想，坚持底线思维，服务能源低碳转型和新型电力系统构建大局，统筹发展和安全，加强电力规划建设、运行管理、应急保障等各环节安全风险管控，实现电力高质量发展和高水平安全的良性互动。

（2）坚持理念引领。以"四个安全"治理理念为引领，依托技术保障安全、管理提升安全、文化促进安全、责任守护安全，系统谋划技术支撑、管理提升、文化建设和责任落实的各项措施，全面提升电力本质安全水平。

（3）坚持关口前移。严格安全生产准入，健全电力安全风险分级管控体系，完善隐患排查治理和挂牌督办机制，建立电力重大基础设施安全评估机制，强化电力应急体系和应急能力建设，构建电力安全治理长效机制。

---

❶ "四个革命、一个合作"：推动能源消费革命、推动能源供给革命、推动能源技术革命、推动能源体制革命，全方位加强能源国际合作。

❷ "四个安全"：安全是技术、安全是管理、安全是文化、安全是责任。

（4）坚持创新驱动。运用现代科技手段，提升电力安全生产信息化、数字化、智能化水平，推动电力安全治理数字化转型升级。构建科学量化的安全指标体系，探索电力安全审计、安全责任保险、安全信用惩戒等管理模式创新，推动安全责任落实。

（5）坚持齐抓共管。强化电力安全生产主体责任，落实行业监管责任和地方各级政府有关部门的电力安全管理责任。有效发挥行业协会、科研高校等社会力量作用，充分激发电力企业员工主动参与安全生产工作积极性，共谋安全治理，共享安全成果。

二、国家电网有限公司安全生产相关规定

为了贯彻"安全第一、预防为主、综合治理"的方针，加强安全监督管理，防范安全事故，保证员工人身安全，保证电网安全稳定运行和可靠供电，保证国家和投资者资产免遭损失，国家电网有限公司制定《国家电网公司安全工作规定》。

本规定依据《中华人民共和国安全生产法》《中华人民共和国突发事件应对法》《生产安全事故报告和调查处理条例》《电力安全事故应急处置和调查处理条例》等有关法律法规，结合电力行业特点和国家电网有限公司（简称国家电网公司）组织形式制定，用于规范公司系统安全工作基本要求。

国家电网公司各级单位实行以各级行政正职为安全第一责任人的安全责任制，建立健全安全保证体系和安全监督体系，并充分发挥作用。

国家电网公司各级单位应建立和完善安全风险管理体系、应急管理体系、事故调查体系，构建事前预防、事中控制、事后查处的工作机制，形成科学有效并持续改进的工作体系。

国家电网公司各级单位应贯彻国家法律法规和行业有关制度标准及其他规范性文件，补充完善安全管理规章制度和现场规程，使安全工作制度化、规范化、标准化。

国家电网公司各级单位应贯彻"谁主管谁负责、管业务必须管安全"的原则，做到计划、布置、检查、总结、考核的同时，计划、布置、检查、总结、考核安全工作。

国家电网公司安全工作的总体目标是防止发生如下事故（事件）：

（1）人身死亡。

（2）大面积停电。

（3）大电网瓦解。

（4）主设备严重损坏。

（5）电厂垮坝、水淹厂房。

（6）重大火灾。

（7）煤矿透水、瓦斯爆炸。

（8）其他对公司和社会造成重大影响、对资产造成重大损失的事故（事件）。

省（直辖市、自治区）电力公司和公司直属单位（简称省公司级单位）的安全目标：

（1）不发生人身死亡事故。

（2）不发生一般及以上电网、设备事故。

（3）不发生重大火灾事故。

（4）不发生五级信息系统事件。

（5）不发生煤矿重大及以上非伤亡事故。

（6）不发生本单位负同等及以上责任的特大交通事故。

（7）不发生其他对公司和社会造成重大影响的事故（事件）。

省（直辖市、自治区）电力公司支撑实施机构、直属单位、地市供电企业和公司直属单位下属单位的安全目标：

（1）不发生重伤及以上人身事故。

（2）不发生五级及以上电网、设备事件。

（3）不发生一般及以上火灾事故。

（4）不发生六级及以上信息系统事件。

（5）不发生煤矿较大及以上非伤亡事故。

（6）不发生本单位负同等及以上责任的重大交通事故。

（7）不发生其他对公司和社会造成重大影响的事故（事件）。

地市公司级单位直属单位、县供电企业、公司直属单位下属单位子企业的安全目标：

（1）不发生五级及以上人身事故。

（2）不发生六级及以上电网、设备事件。

（3）不发生一般及以上火灾事故。

（4）不发生七级及以上信息系统事件。

（5）不发生煤矿一般及以上非伤亡事故。

（6）不发生本单位负同等及以上责任的重大交通事故。

（7）不发生其他对公司和社会造成重大影响的事故（事件）。

第二节　电力电缆有限空间相关概念

一、电力电缆有限空间的分类和特点

（一）有限空间的定义和分类

1. 有限空间的定义和特点

有限空间是指封闭或部分封闭、进出口受限但人员可以进入，未被设计为固定工作场所，通风不良，易造成有毒有害、易燃易爆物质积聚或氧含量不足的空间。有限空间一般具备以下特点：

（1）空间有限，与外界相对隔离。有限空间是一个有形的，与外界相对隔离的空间。有限空间既可以是全部封闭的，如各种检查井、反应釜，也可以是部分封闭的，如敞口的污水处理池等。

（2）进出口受限或进出不便，但人员能够进入开展有关工作。有限空间限于本身的体积、形状和构造，进出口一般与常规的人员进出通道不同，大多较为狭小，如直径 80cm 的井口或直径 60cm 的人孔；或进出口的设置不便于人员进出，如各种敞口池。虽然进出口受限或进出不便，但人员可以进入其中开展工作。如果开口尺寸或空间体积不足以让人进入，则不属于有限空间，如仅设有观察孔的储罐、安装在墙上的配电箱等。

（3）未按固定工作场所设计，人员只是在必要时进入有限空间进行临时性工作。有限空间在设计上未按照固定工作场所的相应标准和规范，考虑采光、照明、通风和新风量等要求，建成后内部的气体环境不能确保符合安全要求，人员只在必要时进入进行临时性工作。

（4）通风不良，易造成有毒有害、易燃易爆物质积聚或氧含量不足。

2. 有限空间的分类

有限空间分为地下有限空间、地上有限空间和密闭设备内部空间 3 类。

（1）地下有限空间：电缆隧道、电缆沟、电缆工井（含光缆）、电缆夹层、地下管道、地下工程、涵洞、廊道、地下开闭所/配电室、引水隧洞、尾水涵洞、集水井、地下室/仓库、基坑/井、废水池/井、电梯井等。

（2）地上有限空间：料仓、煤粉仓、原煤仓、粉煤灰仓、垃圾站、冷库、六氟化硫变配电装置室、电缆夹层和烟道等。

（3）密闭设备内部空间：大型变压器、气体绝缘金属封闭开关设备（gas insulated switchgear，GIS）、储气罐/压气罐、储油罐/压油罐、集油槽/集油箱、水轮机蜗壳、转轮室、尾水管、化学品罐/箱、锅炉、船舱、沉箱、中大型换热设备（如凝汽器、除氧器等）、除尘器、脱硫塔、各式容器、槽箱和管道等。

（二）电力电缆有限空间的分类

根据有限空间定义，电力电缆有限空间主要分为电缆隧道、电缆沟、电缆工井、电缆夹层及综合管廊电缆仓。

（1）电缆隧道是一种专门用于容纳大量敷设在电缆支架上的电缆的走廊或隧道式构筑物。隧道内有供安装和巡视的通道，是全封闭性的电缆构筑物。电缆隧道多由钢筋混凝土现场浇筑而成，也有电缆隧道采用预制箱涵施工工艺拼接而成，内部设有电缆支架，用于支撑和固定电缆。

（2）电缆沟是封闭式不通行但盖板可开启的电缆构筑物，盖板与地面相齐或稍有上下。电缆沟通常采用砖、混凝土等材料封闭，具有矩形、圆形、拱形等多种管道结构形式。

（3）电缆工井是一种方便电缆制作、敷设和检修的工作井。在电缆敷设工程中，电缆工井起到安装或维护的作用，同时也是建筑物中电缆电线敷设的预留通道。

（4）电缆夹层通常设计在控制室或电气配电间的下层，层高低于配电间的层高。这个空间专门用于设置数层桥架，以布置动力电缆和控制电缆。

（5）地下综合管廊是指在城市地下用于集中敷设电力、通信、广播电视、给水、排水、热力、燃气等市政管线的公共隧道。综合管廊电缆仓，也称为电力舱，是综合管廊中的一个重要组成部分，用于敷设和管理电力电缆。在电力舱内部，电缆通常被安装在特定的支架上。

（三）电力电缆有限空间的特点

电力电缆有限空间的特点主要体现在以下几个方面：

（1）空间狭小与结构封闭。电缆通道作为电力电缆的主要运行环境，其空间通常比较狭小，且结构封闭。这种特点使得通道内的作业环境受限，作业人员在进入电缆通道进行维护、检修等操作时，需要特别注意空间的限制，避免造成不必要的伤害或损坏电缆。

（2）多层电缆与设施复杂。电缆通道内通常放置了多层电缆，每层电缆之间需要保持一定的距离和排列顺序，以确保电缆的安全运行。此外，电缆通道内还设有各种电缆支架、防火分隔物等设施，这些设施虽然有助于电缆的管理和保护，但也增加了通道内的复杂性和作业难度。

（3）安全风险大。电缆通道内存在较高的安全风险，如电气火灾、有害气体中毒等。由于空间狭小且结构封闭，一旦发生火灾或有害气体泄漏等事故，疏散和救援难度较大。因此，在电缆通道内进行作业时，需要严格遵守安全规定，采取有效的防护措施，确保作业人员的安全。

综上所述，电缆通道等电力电缆有限空间具有空间狭小、结构封闭、设施复杂、环境控制要求高和安全风险大等特点。在进行相关作业时，需要充分考虑这些特点，制定详细的安全措施和技术方案，确保作业顺利进行并保障人员的安全。

二、电力电缆有限空间作业类型

（一）有限空间作业定义和分类

有限空间作业是指人员进入有限空间实施的作业活动，包括在有限空间进行的清理、安装、检修、巡视、检查和涂装等工作。

（1）按作业频次划分，有限空间作业可分为经常性作业和偶发性作业：

1）经常性作业指有限空间作业是单位的主要作业类型，作业量大、作业频次高。例如，从事水、电、气、热等市政运行领域施工、运维、巡检等作业的单位，有限空间作业就属于单位的经常性作业。

2）偶发性作业指有限空间作业仅是单位偶尔涉及的作业类型，作业量小、作业频次低。例如，工业生产领域的单位对炉、釜、塔、罐、管道等有限空间进行清洗、维修，餐饮、住宿等单位对污水井、化粪池进行疏通、清掏等有限空间作业就属于单位的偶发性作业。

（2）按作业主体划分，有限空间作业可分为自行作业和发包作业：

1）自行作业指由本单位人员实施的有限空间作业。

2）发包作业指将作业进行发包，由承包单位实施的有限空间作业。

（二）电力电缆有限空间作业定义和分类

电力电缆涉及有限空间作业类型可以大致分为以下几类：

（1）施工阶段：包括在电缆沟、电缆隧道、综合管廊内部进行电缆的敷设工作。作业内容主要包括确定电缆路径、挖掘或钻孔、安装电缆托架或支架，焊接接地扁铁及敷设电缆等。

（2）验收阶段：电缆线路及通道的土建及电气验收、电力电缆交接试验，包括外护套试验、主绝缘交流耐压试验、交叉互联系统试验等。

（3）运检阶段：电缆及通道的巡视与维护、电缆线路的故障抢修、电缆及通道状态评价及检修。检修作业按照工作性质内容及工作涉及范围，将电缆线路检修工作分为四类，即 A 类检修、B 类检修、C 类检修、D 类检修。其中，A、B、C 类检修是停电检修，D 类检修是不停电检修。

（4）退役阶段：电缆线路的退旧处理。

三、电力电缆有限空间的相关术语

（一）瞬时危及生命和健康浓度

瞬时危及生命和健康浓度（immediately dangerous to life and health concentration, IDLH）是 20 世纪 70 年代中期由美国国立职业安全与健康研究所（National Institute for Occupationa Satetyand Health, NIOSH）和美国职业安全与健康管理局（Occupational Safety and Health Administration, OSHA）联合编制的。

其涉及近 400 种化学物质的 IDLH，随后经过多次复核，并于 1994 年开始修订。

IDLH 指人员在这种浓度水平下逗留 30min 即可发生死亡或健康的严重损害。当空气中的任何有毒性、腐蚀性或窒息性的化学物质达到这个浓度时，可能立即对人员的生命安全造成威胁，也可能引起不可逆转的或潜伏性的危害健康的效应，或者导致人员丧失脱离这种危害环境的能力。

在确定 IDLH 浓度时，造成人员伤害的暴露时间长度定义为 30min，但这不代表在这种环境中，可以允许人员在未佩戴相应呼吸防护用品的情况下滞留 30min。相反，必须立即撤离。

某些化学物质，如氢氟酸气体和镉蒸气，可能导致瞬时的危害，但即使很严重，都可能不需作特殊的医疗处理当时就可恢复正常，但在暴露发生 12～72h 后即可能发生突然的、甚至是致命的后果。发生暴露的人员常常因当时不良影响的迅速消失而感觉无异，但经过一段时间的延续，将受到再次的、更为严重的损害。这些物质的浓度如果处在这个危险水平，仍然被认为可能对人员的生命和健康造成瞬时危害。

在一个有限空间中如存在 IDLH 浓度的情况，可能会对以下情况造成影响：

（1）对人员的身体健康造成不可逆转的负面影响。

（2）对人员的生命造成直接威胁。

（3）影响人员的自救。

（4）个人防护装备（personal protective equipment，PPE）的选用。

（二）允许暴露浓度

允许暴露浓度（permissible exposure limits，PEL）指以时间为权重（通常为 8h），绝大多数健康的人员能够长期暴露于某种化学品气体而不会造成负面健康影响的平均暴露极限浓度或最高暴露极限浓度。如果人员暴露于某种物质的浓度超过其允许暴露浓度的环境，可能导致有害的健康影响，包括疾病和（或）死亡。我国使用的最高容许浓度（maximum allowable concentration，MAC）的概念基本与之相同。

《工作场所有害因素职业接触限值　第 1 部分：化学有害因素》（GBZ

2.1—2019）和《工作场所有害因素职业接触限值 第2部分：物理因素》（GBZ 2.2—2019），确定了工作场所空气中有毒物质的容许浓度。

（三）爆炸极限

可燃气体、可燃液体蒸气或可燃粉尘与空气混合并达到一定浓度时，遇火源就会燃烧或爆炸。这个遇火源能够发生燃烧或爆炸的浓度范围，称为爆炸极限。通常用可燃气体在空气中的体积百分比（%）表示。

可燃气体、可燃液体蒸气或可燃粉尘与空气的混合物，并不是在任何混合比例下遇火源就发生燃烧或爆炸的，而是存在一个浓度范围，即有一个最低浓度——爆炸下限（lower explosive limit，LEL）和一个最高浓度——爆炸上限（upper explosive limit，UEL）。只有处在爆炸上限与下限浓度之间，才有发生爆炸的危险。爆炸极限是在常温、常压等标准条件下测定出来的，这一范围随着温度、压力的变化而有变化。

爆炸下限（LEL）是可燃物气体在与空气混合时能够发生爆炸的最低气体浓度。低于这个浓度，因可燃物浓度过低以致可燃物气体无法发生燃烧或爆炸。

爆炸上限（UEL）是可燃物气体在与空气混合时能够发生爆炸的最高浓度。高于这个浓度，氧气含量不足以发生燃烧或爆炸。

一般而言，爆炸极限的范围越宽，则这种物质越危险，原因是其更容易发生爆炸。爆炸下限值越低同样也越容易发生爆炸。

可燃物气体与空气的混合物组分常常随着时间的变化而变化，有限空间内气体混合物也可能出现波动。出现波动的原因在于气体混合物在空间内四处流动，尤其是人员或其他物料的移动而导致空间内的气体发生流动，从而扰乱混合物。因此，有限空间内的气体混合物往往并非均匀分布。

在可燃气体、蒸气或粉尘浓度大于爆炸上限的情况下，需要特别注意，这种气体环境仍然具有危险性，如在进入有限空间时，由于吹扫或通风等操作将导致其浓度下降并符合爆炸极限范围。

（四）进入

进入是有限空间安全管理中的一个重要概念。有限空间安全管理活动的一切工作就是为了确保进入人员的安全。

在有限空间管理中，进入是指人员身体的任何部分通过了有限空间的开口平面，并非通常我们理解的人员的整个身体通过了开口。

另外，需要注意的是，在某些情况下人员还没有实施进入前就可能遭遇风险。例如，某些有限空间内存在的有毒气体在打开开口的时候，可能由于密度小本来就积聚在有限空间顶部开口处或者由于内部压力的原因，发生逸散而导致人员受到伤害。

（五）热工作业

热工作业是指其作业任何内容或过程中涉及燃烧、焊接、使用明火、会产生火花或其他点火源的作业。常见的热工作业有电焊、气焊、切割、打磨等，国内也通常称为动火作业。热工作业是火灾防护的重要管理内容之一，应建立作业程序和许可证制度来进行管理。

（六）刺激性气体

刺激性气体的共同点是对人体皮肤黏膜具有刺激作用。根据其水溶性大小可分成两类：

（1）水溶性大的刺激性气体，如氨、氯、氯化氢、二氧化硫、三氧化硫等。对人体作用的特点是，一接触到较湿润的球膜及呼吸道黏膜立即出现局部刺激症状，即流泪、畏光、结膜充血、流涕、喷嚏、咽疼、呛咳等。如果突然吸入高浓度气体时，可引起喉痉挛、气管水肿和支气管炎，甚至肺炎、肺水肿。

（2）水溶性小的刺激性气体，如氮氧化物、光气等。其对上呼吸道刺激性小，吸入这些气体后往往不易发觉。进入呼吸道深部后逐渐与水分作用尽而对肺部产生刺激和腐蚀作用，常引起肺水肿。

（七）有机溶剂

有机溶剂是指能溶解油脂、蜡、树脂、橡胶和染料等物质的有机化合物。工业生产中经常应用的有机溶剂有百余种。如苯、甲苯、二甲苯、汽油、煤油、甲醇、乙醇、醋酸乙酯、醋酸丁酯、丙酮、二硫化碳等。

有机溶剂的种类多、用途广，几乎各种类型的工业都可接触到有机溶剂。使用最多的行业是涂料、化工、机械制造、汽车制造、印刷业、制鞋业、皮革业、医药卫生及生活服务方面的洗染业等。

有机溶剂在常温下容易挥发，这就决定了它进入人体的主要途径是呼吸道。此外，还可经皮肤进入，经常接触脂溶性的溶剂会引起皮肤脱脂或刺激。有些溶剂可透过皮肤屏障而被吸收进入血液，从而对机体引起全身性中毒作用。

第三节　电力电缆有限空间作业安全保障

一、电力电缆有限空间作业安全技术规范

《电力管道有限空间作业安全技术规范》（DL/T 2520—2022）规定了电力管道有限空间作业的一般要求、作业程序、应急救援的安全技术要求。适用于电力施工及运维行业自行开展的进出电力隧道、工作井等电力管道有限空间的作业。

（一）一般要求

1. 安全培训要求

电力企业应对有限空间作业分管负责人、安全管理人员、作业现场负责人、监护人员、作业人员、应急救援人员开展专项安全培训，培训课时不少于24个学时。

专项安全培训内容应包括有限空间作业安全基础知识，有限空间作业安全管理，有限空间作业危险有害因素和安全防范措施，防触电措施、有限空间作业安全操作规程，安全防护设备、个体防护用品及应急救援装备的正确使用，紧急情况下的应急处置措施等。

电力管道有限空间作业安全专项培训记录应留档保存，留存时间不应少于1年。记录档案应包括培训签到表、培训学习资料、培训试卷及成绩、培训过程的影像资料、培训评价和总结。

2. 风险管理要求

电力企业应辨识本单位存在的有限空间及其作业安全风险。

电力企业应建立电力管道有限空间管理台账并定期更新。台账信息应包括有限空间数量、位置、名称、主要危险有害因素、可能导致的事故及后果、防护要求、作业主体等情况。

电力管道有限空间相关文件应包括有限空间作业审批单、有限空间作业交底单、有限空间作业现场记录单、有限空间作业检测数据记录单等。作业记录相关文件应留档保存，留存时间不应少于 3 年。

电力企业应配备符合国家或行业标准的安全防护设备设施、个体防护用品及应急救援设备等，并进行建档管理和定期维护保养。气体检测报警仪应符合《作业场所环境气体检测报警仪通用技术要求》（GB 12358—2006）规定。长管式呼吸器应选用连续送风式或高压送风式长管呼吸器应符合《呼吸防护　长管呼吸器》（GB 6220—2009）规定。正压式空气呼吸器应符合《呼吸防护　自给开路式压缩空气逃生呼吸器》（GB 38451—2019）要求。

（二）职工的安全生产权利和义务

1. 职工安全生产的权利

（1）要求获得劳动保护的权利。职工有要求用人单位保障职工的劳动安全、防止职业病危害的权利。职工与用人单位建立劳动关系时，应当要求订立劳动合同，劳动合同应当载明为职工提供符合国家法律法规、标准规定的劳动安全卫生条件和必要的劳动防护用品。

（2）知情权。职工有权了解作业场所和工作岗位存在的危险因素、危害后果，以及针对危险因素应采取的防范措施和事故应急措施，用人单位必须向职工如实告知，不得隐瞒和欺骗。如果用人单位没有如实告知，职工有权拒绝工作，用人单位不得因此做出对职工不利的处分。

（3）民主管理、民主监督的权利。职工有权参加本单位安全生产工作的民主管理和民主监督，对本单位的安全生产工作提出意见和建议，用人单位应重视和尊重职工的意见和建议，并及时做出答复。

（4）参加安全生产教育培训的权利。职工享有参加安全生产教育培训的权利。用人单位应依法对职工进行安全生产法律法规、规程及相关标准的教育培训，使职工掌握其从事岗位工作所必须具备的安全生产知识和技能。用人单位没有依法对职工进行安全生产教育培训的，职工可拒绝上岗作业。

（5）获得职业健康防治的权利。对从事接触职业病危害因素，可能导致职业病的职工，有权获得职业健康检查并了解检查结果。被诊断为患有职业病的职工有依法享受职业病的待遇，接受治疗、康复和定期检查的权利。

（6）合法拒绝权。违章指挥、强令冒险作业违背了"安全第一"的方针，侵犯了职工的合法权益，职工有权拒绝。用人单位不得因职工拒绝违章指挥和强令危险作业而打击报复，降低其工资、福利等待遇或解除与其订立的劳动合同。

（7）紧急避险权。当职工发现直接危及人身安全的紧急情况时，有权停止作业，或者在采取尽可能的应急措施后，撤离作业场所。但职工在行使这一权利时要慎重，要尽可能正确判断险情危及人身安全的程度。

（8）工伤保险和民事索赔权。用人单位应当依法为职工办理工伤保险，为职工缴纳工伤保险费，职工因生产安全事故受到伤害，除依法应当享受工伤保险外，还有权向用人单位要求民事赔偿。工伤保险和民事赔偿不能互相取代。

（9）提请劳动争议处理的权利。当职工的劳动保护权益受到伤害，或者与用人单位因劳动保护问题发生纠纷时，有向有关部门提请劳动争议处理的权利。

（10）批评、检举和控告权。职工有权对本单位安全生产工作中存在的问题提出批评，有权对违反安全生产法律、法规的行为，向主管部门和司法机关进行检举和控告。检举可以署名，也可以不署名；可以用书面形式，也可以用口头形式。但是，职工在行使这一权利时，应注意检举和控告的情况必须真实，要实事求是。

2. 职工安全生产的义务

（1）遵守安全生产规章制度和操作规程的义务。职工不仅要严格遵守安全生产有关法律法规，还应当遵守用人单位的安全生产规章制度操作规程，这是职工在安全生产方面的一项法定义务。职工必须增强法纪观念，自觉遵章守纪，从维护国家利益、集体利益及自身利益出发，把遵章守纪、按章操作落实到具体的工作中。

（2）服从管理的义务。用人单位的安全生产管理人员一般具有较多的安全生产知识和较丰富的经验，职工服从管理，可以保持生产经营活动的良好秩序，有效地避免、减少生产安全事故的发生。因此，职工应当服从管理，这也是职工在安全生产方面的一项法定义务。当然，对于违章指挥、强令冒险作业的行为，职工是有权拒绝的。

（3）正确佩戴和使用劳动防护用品的义务。劳动防护用品是保护职工在劳动过程中安全与健康的一种防御性装备，不同的劳动防护用品有其特定的佩戴和使用规则、方法，只有正确佩戴和使用，方能真正起到防护作用。用人单位在为职工提供符合国家或行业标准的劳动防护用品后，职工有义务正确佩戴和使用劳动防护用品。

（4）发现事故隐患及时报告的义务。职工发现事故隐患和不安全因素后，应及时向现场安全生产管理人员或本单位负责人报告，接到报告的人员应当及时予以处理。一般来说，职工报告得越早，接受报告的人员处理得越早，事故隐患和其他职业病危险因素可能造成的危害就越小。

（5）接受安全生产培训教育的义务。职工应依法接受安全生产教育和培训，掌握从事岗位工作所需的安全生产知识，提高安全生产技能，增强事故预防和应急处理能力。特种作业人员和有关法律法规、规定须持证上岗的作业人员，必须经培训考核合格后，依法取得相应的资格证书或合格证书，方可上岗作业。

二、电力电缆有限空间常见的警示标志

（一）禁止标志

电力电缆有限空间常见的禁止标志如图 1-1 所示。

图 1-1　电力电缆有限空间常见的禁止标志

（二）警告标志

电力电缆有限空间常见的警告标志如图 1-2 所示。

图 1-2　电力电缆有限空间常见的警告标志

（三）指令标志

电力电缆有限空间常见的指令标志如图 1-3 所示。

图 1-3　电力电缆有限空间常见的指令标志

（四）提示标志

电力电缆有限空间常见的提示标志如图 1-4 所示。

图 1-4　电力电缆有限空间常见的提示标志

三、电力电缆有限空间主要安全风险辨识方法

（一）气体危害辨识方法

对于中毒、缺氧窒息、气体燃爆风险，主要从有限空间内部存在或产生、作业时产生和外部环境影响 3 个方面进行辨识。

1. 内部存在或产生的风险

（1）有限空间内是否储存、使用、残留有毒有害气体及可能产生有毒有害气体的物质，导致中毒。

（2）有限空间是否长期封闭、通风不良，或内部发生生物有氧呼吸等耗氧性化学反应，或存在单纯性窒息气体，导致缺氧。

（3）有限空间内是否储存、残留或产生易燃易爆气体，导致燃爆。

2. 作业时产生的风险

（1）作业时使用的物料是否会挥发或产生有毒有害、易燃易爆气体，导致中毒或燃爆。

（2）作业时是否会大量消耗氧气，或引入单纯性窒息气体，导致缺氧。

（3）作业时是否会产生明火或潜在的点火源，增加燃爆风险。

3. 外部环境影响产生的风险

外部环境影响产生的风险与有限空间相连或接近的管道内单纯性窒息气体、有毒有害气体、易燃易爆气体扩散、泄漏到有限空间内，导致缺氧、中毒、燃爆等风险。对于中毒、缺氧窒息和气体燃爆风险，使用气体检测报警仪进行针对性的检测是最直接有效的方法。检测后，各类气体浓度评判标准如下：

（1）有毒气体浓度应低于标准 GBZ 2.1—2019 规定的最高容许浓度或短时间接触容许浓度，无上述两种浓度值的，应低于时间加权平均容许浓度。

（2）氧气含量（体积分数）应在 19.5% ～ 23.5%。

（3）可燃气体浓度应低于爆炸下限的 10%。

（二）其他安全风险辨识方法

（1）对淹溺风险，应重点考虑有限空间内是否存在较深的积水，作业期间是否可能遇到强降雨等极端天气导致水位上涨。

（2）对于高处坠落风险，应重点考虑有限空间深度是否超过 2m，是否在其内进行高于基准面 2m 的作业。

（3）对触电风险，应重点考虑有限空间内使用的电气设备、电源线路是否存在老化破损。

（4）对物体打击风险，应重点考虑有限空间作业是否需要进行工具、物料传送。

（5）对机械伤害，应重点考虑有限空间内的机械设备是否可能意外启动或防护措施失效。

（6）对灼烫风险，应重点考虑有限空间内是否有高温物体或酸碱类化学品、放射性物质等。

（7）对坍塌风险，应重点考虑处于在建状态的有限空间边坡、护坡、支护设施是否出现松动，或有限空间周边是否有严重影响其结构安全的建（构）筑物等。

（8）对掩埋风险，应重点考虑有限空间内是否存在谷物、泥沙等可流动固体。

（9）对高温高湿风险，应重点考虑有限空间内是否温度过高、湿度过大等。

第二章

电力电缆有限空间危害因素及防控措施

第一节　电力电缆有限空间危害因素

电力电缆有限空间作业环境复杂、危害因素多，容易发生电力安全生产事故。有限空间发生事故的根本原因是相关人员未能充分认识到有限空间内部或邻近区域存在的危险或潜伏的危险，以及有限空间内作业时可能引起环境变化或引入与作业相关的新危害，造成人员伤亡。通常情况下，有限空间的危害因素主要包括触电、有毒有害气体、高处坠落等。

一、触电

有限空间作业过程中使用电钻、电焊等设备，巡视检修过程中接触带电体，可能存在触电的危险。当通过人体的电流超过一定值（感知电流）时，人就会产生痉挛，不能自主脱离带电体；当通过人体的电流超过 50mA，就会使人的呼吸和心脏停止，进而死亡。

在电力电缆有限空间内工作时，发生触电的原因主要分为以下几个方面：

（1）误开断带电电缆导致触电。电力电缆有限空间内开断电缆工作，检修电缆识别有误或者开断前检修电缆仍然带电，开断电缆前未采取足够的安全措施导致触电。

（2）感应电触电。在有限空间内工作时，因触摸接近带电电缆的金属物体导致触电。感应电的实质是空间中静电荷的分布发生改变。人们往往存在这样一种意识，只有接触到高压线路才会触电，因而对高压输电线路附近没有接触高压线却发生了触电现象迷惑不解，这实际上是一种认识误区，因为在高压带电体的周围空间会产生强大的交变电场，处于交变电场空间的孤立金属体（没有接地或远距离接地）就会有瞬间变化的电荷而产生感应电而出现感应电压，并对地形成电位差，当触及这些带有感应电压的物体时，就会有感应电流通过人体流向大地而使人受到电伤害。

（3）使用电动工具时低压电触电。在有限空间内工作时，如果没有使用有绝缘柄的工具或未穿戴适当的绝缘防护装备，作业人员可能直接或间接接触到带电体，从而发生触电。

（4）试验电压伤人。试验电压伤人的风险主要来自电力电缆高压试验过程中可能出现的意外情况。在电力电缆有限空间内，开展电缆绝缘摇测、电缆故障查找等工作时，试验电压较高，如果试验人员未采取适当的安全措施，如未穿戴绝缘防护装备或未确保安全距离，可能会发生触电事故；试验人员如果技术水平不足、经验不足或操作不规范，可能无法及时发现设备的绝缘缺陷或对突发问题处理不当，从而引发设备短路、人身触电等严重事故；电力电缆试验前后未逐相充分放电，电缆上残余的高压可能会对接触电缆的人员造成致命的电击，导致严重的人身伤害甚至死亡。

（5）电力电缆有限空间内施工时损伤带电电缆或带电设备导致触电。在进行有限空间内的施工作业前，如果没有对带电电缆或带电设备进行有效的隔离和标记，可能会误伤带电电缆、误操作带电设备，造成触电。

（6）电缆本体或者中间接头故障导致触电。如果电力电缆有限空间内带电电缆或中间接头存在故障，如电缆本体绝缘层击穿、中间接头击穿等，都会造成有限空间内工作人员触电。

二、有毒有害气体

有限空间内存在或积聚有毒气体，作业人员吸入后会引起化学性中毒，甚至死亡。有限空间内有毒气体可能的来源包括：有限空间内存储的有毒物质的挥发，有机物分解产生的有毒气体，进行焊接、涂装等作业时产生的有毒气体，相连或相近设备、管道中有毒物质的泄漏等。有毒气体主要通过呼吸道进入人体，再经血液循环，对人体的呼吸系统、神经系统、血液系统等，以及肝脏、肺、肾脏等脏器造成严重损伤。引发有限空间作业中毒风险的典型物质有硫化氢、一氧化碳、苯和苯系物、氰化氢、磷化氢等。

有限空间内常见的有毒有害气体如下：

（1）一氧化碳。主要是不完全燃烧而产生，如果有限空间内存在有燃烧过程的部件或临近煤气管道，就可能产生一氧化碳。一氧化碳是一种无色无味的气体，进入人体的肺泡后很快会和血红蛋白产生很强的亲和力，使血红蛋白形成碳氧血红蛋白，组织氧和血红蛋白的结合，造成组织缺氧，引发中毒。

（2）硫化氢。硫化氢是具有刺激性和窒息性的无色气体，人体与低浓度硫化氢发生接触后，会对呼吸道及眼睛产生局部刺激作用，与高浓度硫化氢接触时，全身作用较明显，表现为中枢神经系统症状和窒息症状。

（3）甲烷。甲烷是一种源自有机物分解而产生的天然气体。甲烷是没有颜色、没有气味的气体，比空气轻，它是极难溶于水的可燃性气体。甲烷和空气形成适当比例的混合物，遇火花就会发生爆炸。它能置换出有限空间内的氧气，导致头晕、无意识或缺氧。

典型有毒有害气体一氧化碳、硫化氢的特征值如表 1-1 和表 1-2 所示。

表 1-1　　　　　　　　　　一氧化碳的特征值

浓度（ppm）	症状	停留时间
50	最高允许浓度	8h
200	轻度头疼、不适	3h
600	头疼、不适	1h
1000 ～ 2000	轻度心悸	30min
	站立不稳、蹒跚	1.5h
	混乱、恶心、头疼	2h
2000 ～ 5000	昏迷、失去知觉	30min

表 1-2　　　　　　　　　　硫化氢的特征值

浓度（mg/m³）	症状	停留时间
0.012 ～ 0.03	硫化氢的嗅觉阈	—
10	最高允许浓度	8h
70 ～ 150	呼吸道及眼睛刺激症状	1 ～ 2h

续表

浓度（mg/m³）	症状	停留时间
200～300	眼急性刺激症状、肺水肿	1h
500～760	肺水肿、支气管炎及肺炎、头痛、头昏、步态不稳、恶心、呕吐、甚至死亡	15～60min
≥1000	意识丧失或死亡	几分钟甚至瞬间死亡

三、高处坠落

当有限空间进出口距底部超过 2m，一旦人员未佩戴有效坠落防护用品，或防坠落措施不完善，在进出有限空间或作业时有发生高处坠落的风险。高处坠落可能导致四肢、躯干、腰椎等部位受冲击而造成重伤致残，或是因脑部或内脏损伤而致命。

四、其他作业风险

高温高湿。作业人员长时间在温度过高、湿度很大的环境中作业，可能会导致人体机能严重下降。高温高湿环境可使作业人员感到热、渴、烦、头晕、心慌、无力、疲倦等不适感，甚至导致人员发生热衰竭、失去知觉或死亡。

物体打击。有限空间外部或上方物体掉入有限空间内，以及有限空间内部物体掉落，可能对作业人员造成人身伤害。

坍塌。有限空间在外力或重力作用下，可能因超过自身强度极限或因结构稳定性破坏而引发坍塌事故。人员被坍塌的结构体掩埋后，会因压迫导致伤亡。

噪声。当在有限空间内进行操作时，作业产生噪声水平最高可达在外界环境从事同样操作所产生的噪声的 10 倍。过高的噪声会伤害人的健康，造成人员听力受损，影响神经系统、心血管系统。

灼伤。有限空间内存在的燃烧体、高温物体、化学品（酸、碱及酸碱性物质等）、强光等因素可能造成人员烧伤、烫伤和灼伤。

潮湿表面。有限空间内潮湿表面容易导致人员摔倒或滑倒，造成外伤性骨折、出血、休克、昏迷等伤害，尤其是当有限空间内有坡度或斜度时，更容易发生意外。

中毒。蛇、蟾蜍、啮齿动物等小动物进入有限空间，作业人员一旦被其咬伤，会发生中毒，导致休克、昏迷，严重时会危及生命。

淹溺。进入有限空间前液体应完全被排空或吹干，否则可能存在导致人员溺亡的风险。对于容量较大的液体，容易被识别。但实际上经常会发生人员在小容量液体中发生溺亡的情况。例如，如果在缺氧或存在有毒气体时，人员不小心碰击头部导致失去知觉，在倒地时脸部面向液面，就可能发生溺亡。

第二节　防控基本措施

一、触电风险防控措施

根据在电力电缆有限空间内工作时发生触电的原因分类，其风险防控措施分别讨论如下。

（一）误开断带电电缆导致触电的风险防控措施

（1）在工作前，应详细核对电力电缆标志牌的名称与工作票所写的是否相符，确保安全措施正确可靠后，方可开始工作。

（2）电力电缆设备的标志牌要与电网系统图、电缆走向图和电缆资料的名称一致。

（3）锯断电缆以前，应与电缆走向图纸核对相符，并使用专用仪器（如感应法）确切证实电缆无电后，用接地的带绝缘柄的铁钎钉入电缆芯后，方可工作。扶绝缘柄的人应戴绝缘手套并站在绝缘垫上，并采取防灼伤措施（如防护面具等）。

（4）开断电缆的工机具应使用电缆液压剪等专用工机具，且必须经过特性试验。剪切机具与操作机具之间的耐压应满足相应电压等级的要求，剪切机具外壳应接地良好。运行人员必须现场监督检修人员使用合格的工机具。

（5）当因现场条件限制，在同沟道运行的电缆中无法辨别应开断电缆的情况下，应申请其他带电电缆陪停，运行人员必须现场配合指认应开断的电缆。

（6）如果条件允许，工作人员可以通过遥控设备来开断电缆。在切断电缆前，所有工作人员应撤到电力电缆有限空间外，以避免意外伤害。这样可以避免直接接触高压电缆，确保工作人员的安全。

（二）感应电触电的风险防控措施

在电力电缆有限空间内，电缆的敷设往往是十分密集的。一回电缆线路停电检修，其他电缆线路往往带电运行。此时，在停电的电缆线芯、接地回路中就会存在感应电压，如不加以预防，就会造成感应电触电。其防控措施如下：

（1）确保所有可能产生感应电的导电部位都妥善接地。接地可以提供一个安全的路径，将感应电引导至大地，从而减少触电风险。

（2）工作人员应穿戴适当的个人防护装备，如绝缘手套和绝缘鞋，以降低触电风险。

（3）在接触任何可能带电的设备之前，使用感应电检测器（万用表、低压验电器等）来检测是否存在感应电。

（4）使用个人保安辅助接地线可以有效地防止在停电线路上作业时遭受感应电触电，以及在停电线路上工作时，防止意想不到的电源侵入所采取的一项极为重要的辅助措施。但绝不能代替或淡化正常的验电接地。为了区别正常接地线，故称为个人保安辅助接地线。

（5）个人保安辅助接地线在技术上有一定的要求：个人保安辅助接地线分为单相式和三相式两种，单相式用于35kV及以上电力线路作业；三相式用于10kV及以下配电系统，接地线主要考虑感应电或电容电流，故截面可用带塑料护套的软铜线制成，截面面积不小于16mm^2。

（6）个人保安辅助接地线的使用方法。个人保安辅助接线的使用必须在停电线路上做好验电、挂地线及佩戴防触电近电报警器等安全技术措施后使用。对单相式辅助接地线使用时，应先将接地线端线夹固定在接地扁铁等良好接地构件上，然后将导线端线夹固定在工作相金属导体上。对三相式辅助接地线，应整组使用，先将接地端线夹固定在良好接地构件上，然后将导线端线夹分别短接三相金属导体。拆除时顺序相反。个人用辅助接地线应明确由个人负责保管，自己装、自己拆，不得有误。

（三）使用电动工具时低压电触电的风险防控措施

（1）进入电力电缆有限空间前必须仔细检查将要使用的电动工具及其适

用场合，尤其是工具的电缆。电力电缆有限空间的电缆支架往往是金属型的，当破损的电缆直接摆放在表面时，很容易发生漏电意外。另外，在某些有限空间必须使用防爆型电器或防火花工具。在潮湿的有限空间，电压选择上则应使用更低的安全电压。如果需要，还必须进行相关的锁定／标定程序，以防止电能的意外释放。

（2）在有限空间内使用的电器工具和设备必须接地或是双重绝缘型的。如果是潮湿的有限空间，用电工具还必须使用漏电保护器或其他保护措施。最佳的方法是寻找可以替代能在有限空间中使用但不会带来触电危险的设备。

（3）气动工具。某些情况下，可能的触电危害可以通过使用气动设备如气动打磨机和砂轮机替代来完全消除。如果使用这些气动工具，可能导致人员处于危害排放物的环境中，可将空气压缩机系统置于不会污染有限空间气体环境的地点。如果其他设施的管线邻近有限空间（如氧气管、乙炔管或者氧气瓶），需采取措施防止气动工具触及这些器材。

（4）工具接地。正确接地的手持工具有将接地故障信号反馈至可以熔化保险丝或触发断路开关的功能。如果工具未能正确接地，可能引致严重的触电意外伤害乃至死亡。

（5）双重绝缘工具。双重绝缘指在工具带电部位提供基本绝缘基础之上尚有独立的保护绝缘或有效的电器隔离，可以防止工作人员触及任何金属部件。双重绝缘的工具上都会标注有"回"字形标志。

（6）漏电保护器。漏电保护器（ground fault circuit interrupter，GFCI）是可以探测到由于微小漏电电流而导致的电流回路的不平衡状况，而快速自动切断电源的断路开关。漏电保护器会持续地监测流入用电器具和由用电器具回流的电流值，任何时候如果检测到电流量之间差异在约 5mA 时，会在 1/40s 内切断电源。因此，如果流向工具与流出工具的电流差异是由于电流通过了人体，则该人员会因为漏电保护器的动作而得到保护，防止电流进一步通过人体。

应避免通过漏电保护器切断工具。漏电保护器的动作通常可说明用电工具需要进行维修，包括摆放在地面的电线、工具或用于潮湿环境的电缆。

三线插头能确保未接地设备接入到正确的极性位置。不可将三线插头的接地端子去除，因接地端子提供了接地保护功能，同时可以保证工具接入到正确的极性位置。

另外，如果有限空间存在易燃或爆炸性气体、蒸气或液体，电器工具必须适合于在这种环境下使用。

（7）电力电缆有限空间内使用的电动工具，连接电动机械及电动工具的电气回路应单独设置开关或插座，并装设漏电保护器，金属外壳应接地。电动工具应做到"一机一闸一保护"。电动工具使用前，应检查确认电线、接地或接零完好；检查确认工具的金属外壳可靠接地。长期停用或新领用的电动工具应用绝缘电阻表测量其绝缘电阻，若带电部件与外壳之间的绝缘电阻值达不到2MΩ，应禁止使用。

（8）电动工具的电气部分维修后，应进行绝缘电阻测量及绝缘耐压试验。使用电动工具，不得手提导线或转动部分。使用金属外壳的电动工具，应戴绝缘手套。电动工具不得接触热体或放在潮湿地面上，使用时应避免重物压在电线上。使用电动工具工作的过程中，因故离开工作场所或暂时停止工作及遇到临时停电时，应立即切断电源。

（9）在潮湿的环境中，应使用24V及以下电动工具或Ⅱ类电动工具，并装设额定动作电流小于10mA、一般型（无延时）的剩余动作保护装置、电源连接器和控制箱等应放在外面。电动工具的开关应设在监护人伸手可及的地方。

（四）试验电压伤人的风险防控措施

（1）确保所有参与电力电缆试验的人员具备相应的资格和技能，包括理论知识、操作技能和安全意识，并持有有效的操作证书；严格遵守安全工作规程规定，确保试验操作符合标准；使用符合安全要求的试验装置和接线，确保设备完好无损，操作规范。工作人员应穿戴适当的个人防护装备，如安全帽、全棉长袖工作服、绝缘手套和绝缘鞋。试验过程中，工作人员应集中注意力，避免分心，并站在绝缘垫上操作。变更接线或试验结束时，应先断开试验电源，进行充分放电，并将高压设备的高压部分短路接地。

（2）电力电缆试验要拆除接地线时，应征得工作许可人的许可（根据调控人员指令装设的接地线，应征得调控人员的许可），方可进行。工作完毕后，立即恢复。

（3）电力电缆试验前，试验现场应装设封闭式的遮拦或围栏，悬挂明显的"止步，高压危险！"标志牌，并派人看守，防止人员误入试验场所，另一端应设置围栏并挂上警告标示牌。如另一端是上杆的或是锯断电缆处，应派人看守。看护人员要在被试验电缆接线安全距离以外看护。

（4）电缆耐压试验前，应先对设备充分放电；电缆的试验过程中，更换试验引线时，应先对设备充分放电，作业人员应戴好绝缘手套；电缆耐压试验分相进行时，另两相电缆应接地；电缆试验结束，应对被试电缆进行充分放电，并在被试电缆上加装临时接地线，待电缆尾线接通后才可拆除。

（5）在高压直流试验时，每告一段落或试验结束时均应将电缆对地放电数次并短路接地，之后方可接触电缆。

（6）电力电缆试验应有两个或两个以上技术熟练的人员共同进行，试验负责人应由经验丰富的人员担任，一人操作，一人监护。试验前，试验负责人应对全体试验人员详细布置试验中的注意事项。

（7）电力电缆的绝缘测试及直流高压发生器直流耐压试验应在干燥的环境下开展，试验时有限空间环境温度不得低于5℃，相对湿度不高于80%。

（8）电力电缆故障查找前，应了解现场情况、电缆路径走向，工作中要注意其他运行电缆，必要时采取保护措施；据故障电缆选择容量适当的设备，保证人员及设备的安全；确认故障电缆性质及电缆故障相，保证电缆无故障相及屏蔽层要可靠接地。

（9）使用故障测试仪查找故障不得少于3人，并保持联系，出现异常情况应立即断开电源。电缆故障定点时，禁止直接用手触摸电缆外皮或冒烟的小洞，需要搬动或撬动电缆时应使用绝缘手套或绝缘棒等安全防护用具，以免触电。

（五）电力电缆有限空间内施工时损伤带电电缆或带电设备导致触电的风险防控措施

（1）确保所有带电电缆和设备都有清晰的标识，包括电压等级和带电状态。在施工区域，对所有可能被损伤的带电电缆和带电设备进行隔离，如在电缆上方进行作业时，可以在电缆和施工区域之间放置垫片或支撑物，以防止工具或材料落下时直接砸在电缆上。施工时，与带电电缆或带电设备保持足够的安全距离，避免在带电电缆和设备附近进行可能引起损伤的操作。

（2）所有进入有限空间的人员都应穿戴适当的个人防护装备，包括绝缘手套、绝缘鞋和其他必要的防护用品。对所有施工人员进行安全培训，确保他们了解带电电缆和设备的风险，以及如何安全地进行施工作业。在施工过程中，应有专人负责监督，确保所有安全措施得到执行，并定期进行检查。

（3）使用工具前应进行检查，机具应按其出厂说明书和铭牌的规定使用，不准使用已变形、已破损或有故障的机具。在电力电缆有限空间内尽量使用非导电的工具和材料，如塑料或纤维增强塑料（如玻璃纤维）工具，以减少意外接触带电电缆的风险。

（4）大锤和手锤的锤头应完整，其表面应光滑微凸，不准有歪斜、缺口、凹入及裂纹等情形。大锤及手锤的柄应用整根的硬木制成，不准用大木料劈开制作，也不能用其他材料替代，应安装得十分牢固，并将头部用楔栓固定。锤把上不可有油污。不准戴手套或用单手抡大锤，周围不准有人靠近。狭窄区域，使用大锤应注意周围环境，避免反击力伤人、砸伤电缆。

（5）用凿子凿坚硬或脆性物体时（如生铁、生铜、水泥等），应戴防护眼镜，必要时装设安全遮栏，以防碎片打伤旁人和电缆。凿子被锤击部分有伤痕不平整、沾有油污等，不准使用。锉刀、手锯、木钻、螺丝刀等的手柄应安装牢固，没有手柄的不准使用。防止脱离手柄砸伤电缆。

（六）电缆本体或者中间接头故障导致触电的风险防控措施

在巡视电缆本体或中间接头时，或者移动带电电缆时，为避免因故障导致的触电风险，应采取以下预防措施：

（1）工作人员在电力电缆有限空间巡视或工作期间必须始终正确穿戴个人防护装备，包括安全帽、绝缘手套、绝缘鞋和全棉长袖工作服。确保所选用的个人防护装备适合于特定的工作环境和电缆电压等级。例如，使用符合国家标准的高压绝缘手套和绝缘鞋。在使用前，彻底检查个人防护装备，确保没有裂纹、磨损、损坏或缺陷，特别注意绝缘材料的完整性。在使用个人防护装备时，避免绝缘手套和绝缘鞋接触尖锐物体、热源或化学物质，这些因素可能损坏个人防护装备的绝缘性能。

（2）在电力电缆周围巡视时保持适当的安全距离，特别是在高压电缆附近。在未确认电缆无电的情况下，避免直接触摸电缆本体或中间接头。

（3）确保所有电缆和接头都有清晰的标识，包括电压等级和状态。进入电力电缆有限空间时使用试验合格的非导电的梯子、工具和绳索，避免使用金属梯子或其他可能导致导电的材料。

（4）移动电缆或者电缆接头一般应停电进行。如必须带电移动，在带电移动电缆或者电缆接头之前，彻底调查该电缆的历史记录，包括之前的维护记录、故障历史、操作条件等，以了解可能存在的风险。指定一名有经验的指挥官来统一协调和指挥整个移动过程，确保所有操作有序进行。在移动过程中，应确保电缆或者电缆接头平稳、缓慢移动，避免剧烈的拉扯或扭曲，以防止损伤电缆的绝缘层或者电缆接头的核心部件。

（5）电力电缆有限空间内的电缆接头一般需要采取隔离措施。电缆接头的隔离措施是为了确保电缆系统的安全运行，防止电缆故障蔓延到其他部分，以及保护运维人员的安全，降低因接头故障导致运维人员触电的风险。

（6）在电缆接头附近使用防火材料进行隔离，如防火槽盒、防火隔板、防火毯或防爆壳等。在同一通道内敷设多根电缆时，应按照电压等级由高至低的顺序排列，并实行防火分隔。运维人员定期对电缆接头进行检查和维护，确保所有的隔离措施都处于良好状态。

二、有毒有害气体防控措施

有限空间内可能存在危险气体环境，必须使用机械通风，对有限空间进行通风，将新鲜洁净的空气引入空间内，将内部脏污的空气排出。在此基础上，应采取各种措施完全消除有限空间内的有害气体，以避免其对人员进入安全的影响，以下是几个主要措施：

（1）气体监测。

（2）净化有限空间去除污染物。

（3）通过通风或置换，排除其中的危险气体。

（4）防止火灾和爆炸。

（5）持续通风保护环境安全。

（6）使用呼吸保护手段。

所有的控制工作，都是为了保证人员在有限空间内作业的安全，有限空间内可供呼吸的气体是洁净的。洁净的可供呼吸气体是指含有足够的氧气，易燃物质和污染物的浓度在安全范围内，这样一种状态的气体。因此，进入有限空间作业前应先进行通风，再进行空间内气体环境检测。如检测结果表明，有限空间内并非洁净的可供呼吸的气体，必须采取相应措施消除危害或者控制其浓度在安全范围内。根据不同的危害类型，采取不同的措施，具体如下：

（1）如果有限空间内只是氧气含量不足，只需要保证空间的干净，可用洁净的呼吸气体进行通风。

（2）如果有限空间内含有有毒、有害气体，或者在有限空间内的作业可能产生有毒、有害气体，就需要保证空间的干净，并将有毒、有害气体消除，并用洁净的呼吸气体通风。

（3）如果有限空间存在易燃或爆炸的环境，则应在确保空间干净的同时，对空间内的气体用洁净的呼吸气体或惰性气体进行置换。

在所有的控制措施进行完毕后，必须对有限空间重新进行测试，以确保有限空间内的气体环境的安全。如果这些控制措施仍不能保证气体环境的安全，就需要采取其他的方法，如使用正压式呼吸器。即使进入有限空间前的气体测试结果表明是洁净的和可供呼吸的气体，持续的控制手段（如通风）可能仍然是需要的，以确保当人员在有限空间作业时气体环境的持续安全。

（一）清洁

在进入有限空间前，应首先对有限空间进行清洁。在任何可能的情况下，应在有限空间外完成这些准备工作。通过清洁可以将有限空间内残留或可能释放的有毒、有害残留物质清除，消除污染源。以下是一些有限空间常用的清洁方法。

（1）使用真空泵或软管将有限空间内的污泥、污水排走。

（2）在有限空间外使用气压对有限空间清洗。

清洁的程序及使用的物料应由指定的人员确定，程序可包括气体和水流清洗、中和、使用专用的溶剂。通常情况下，会使用到高压清洗。应确保清洁所使用的物料不会与有限空间内的残留物发生任何不良反应，对有限空间进行彻底的清洁，以移除有害的残留物。如果清洁之后仍残留有害物，进入前需要进行清理。

在清洁时需要注意以下事项：

（1）避免所使用的专用溶剂或残留物对空间内在运行的电缆及附属设施造成损伤。

（2）必须考虑清理出来的残留物接收与处理，防止有害物释放造成不良的环境影响。

（二）有害气体置换

如果有限空间内氧气浓度过低，或者含有危害气体，在进入前的首要控制措施是用安全的可供呼吸的气体将有限空间内的气体进行通风置换。

净化是将有害气体从有限空间内移除，用洁净的呼吸气体取而代之。通常情况下，使用便携式机械通风往有限空间内吹入新鲜空气。如果在有限空间内没有污染源，净化措施是非常有效的。如果有限空间有污染物，则首先应经过清洁再进行净化。

在进行空气置换时，一般使用全面通风方式。这种系统通过自然的或机械的通风，提供新鲜气流到整个空间。全面通风一般是用新鲜洁净的空气稀释工作场所产生的污染物，以便使污染物浓度水平低于危害限值。所需的新鲜空气气流速率与污染物挥发的速率及其暴露的限值这两个因素有关。而这两个因素往往依赖于人员的估计及经验。因此，以稀释为目的全面通风并不适用于高毒物质存在的空间，也不适用于污染物挥发速率不稳定的状况。实际使用中，对于存在易燃气体的环境，我们可以使用全面通风方式控制其浓度。对于所有的易燃气体，爆炸下限为 1% 或更大。因此，控制这种危害对气流的要求远远低于对控制有毒物质的气流要求。反过来，如果能将易燃气体的浓度控制在低于暴露限值的状况，就不会发生燃烧爆炸的危险。

自然通风是通过开放有限空间，使外界洁净空气进入并进行循环，整个过程并不使用机械通风设备。采用这个方法来控制污染物必须得到许可，且不适用于高危害气体的空间。

在进入有限空间前，对有害气体进行置换，往往需要使用机械通风装置持续地将新鲜空气导入整个有限空间。依靠机械的能量，可以更有效、更迅速地将所需的新鲜气体导入有限空间。有资料提及，在没有任何有害物质的前提下，导入 5 倍有限空间体积的空气，只要空气导入速度足够快，且与空间内气体混合良好，就能使大约 95% 的有限空间初始气体被置换。授权人员应确定在人员进入前及人员进入后所需要的通风量。

（三）防止火灾和爆炸

火灾防护只需要控制火灾三要素中（可燃物、助燃剂和点火源）的其中至少一个要素，即可避免火灾发生。

1. 控制可燃物

可燃物是发生火灾爆炸的意外主体，对于火灾的防护，首要的是应该控制一切的可燃物。如果在一个有限空间内存在或者可能存在可燃物，或者由于人员的进入作业而引入可燃物，授权人员在确定工作程序时需要考虑以下问题。

（1）在任何情况下，尽最大可能减少有限空间内的可燃物数量。

1）将有限空间与可燃物隔离。

2）进入前，将可燃物料清理掉。

3）可能情况下，使用不燃清洁用品。

4）控制必须使用的可燃物料。

5）选择合适的作业方式。

6）将易燃 / 可燃气瓶置于有限空间之外。

（2）移除可燃残留物前，同时湿透物料。

（3）尽可能保持有限空间的易燃气体浓度低于 10% 的爆炸下限值（LEL）。

（4）注意检查焊接 / 气割操作使用的气管及一切的接驳位置以防泄漏。

（5）注意有限空间表面另一侧的工作人员。

2. 防止氧气过量

充足的氧气会支持燃烧。在正常的大气环境中，氧气的含量占 20.9%。高浓度的氧含量会增加物料燃烧的可能性。通常认为，氧气浓度高于 23% 即为氧气过量。在正常情况下，氧气含量不会过量。氧气含量过高，一般是因为管理隔离氧气管线不当、使用氧气对有限空间进行通风或者焊接器材用的氧气瓶发生泄漏等原因所造成。为防止氧气含量过高，应遵守以下预防措施：

（1）确保将有限空间域氧气输送管线完全隔离。

（2）不得使用氧气对有限空间进行换气。

（3）将氧气瓶置于有限空间之外。

（4）进行焊接前，必须对气管及气管连接部位进行检查。

3. 控制点火源

在很多情况下，无法完全避免使用可燃物料，而氧气也是正常存在的，人员的呼吸也需要氧气，因此消除或控制一切点火源就显得更重要。

（1）应尽最大可能避免在有限空间内动火。

（2）使用的电器设备及照明工具适合于危险区域。

（3）使用本质安全型的气体测试仪器、通信联络器材、照相器材及其他涉及有限空间进入的设备。

（4）禁止携带香烟、火柴、打火机。

（5）避免静电释放，如某些衣服的摩擦可能产生静电。

（6）不得在有限空间内使用加热器。

（7）避免系统与金属结构及接地导体搭接。

（8）使用不产生或不宜产生火花的工具，不产生火花的材料包括皮革、塑料或木料，不易产生火花的金属包括铜铍合金、镍和青铜。

（9）不穿会产生火花的鞋子。

（10）如果可行，当不使用氧气乙炔气枪及气管时，尽量将其从有限空间内移走。

（四）通风

持续地对有限空间进行通风，可以帮助带来清洁空气的同时，将污染的空气从有限空间内排出而控制其危害及防止火灾和爆炸的危险。另外，还能帮助控制有限空间内的温度和湿度。因此，通风是控制有限空间危害的非常重要的安全控制措施，可以用于确保人员在有限空间内工作时提供安全的可供呼吸的环境。

有限空间必须持续地进行通风，以控制有危害的气体，除非是某些特殊情况，如紧急救援情况。机械式通风通常可以非常有效地达到这个效果。在特定的情况下，自然通风也是可以接受的。自然通风通常可以作为机械通风的一个补充。

有限空间的通风必须按照工业通风工程技术的原则对通风系统进行设计、

安装和维护，以保证系统处于良好的状态，以有效地控制污染物在空气中传播。在通风过程中，应尽量使用短直管，减少不必要的弯管、分支等会影响气流的部件。还应注意检查风管是否破损。这都是为了尽量保持足够且稳定的通风以保证进入人员的舒适与安全。

以下是一些基本的通风系统措施：

1）不要将新鲜空气的入口地点靠近出口位置，否则污染的空气可能再次混入。

2）避免污染气流路径经过有限空间内的人员。

3）不要阻挡入口及通道。

4）如果存在或可能存在易燃气体，使用防爆型风机，并将通风系统搭接到有限空间结构上的金属部件。

5）确保由有限空间内排出的污染物不会对外面的人员造成危害。引导污染气流远离有限空间、监护人员和其他工作人员。如果无法实现，确保外部人员佩戴相应的呼吸防护器。

6）确保系统在人员进入的整个过程中不能关闭。

7）如果依靠有限空间的井口位置来提高循环，要防止其被意外关闭。

8）禁止使用氧气来进行通风。高浓度的氧气会增加发生火灾或爆炸意外的可能。

（1）机械通风。机械通风分为局部抽风和全面通风两种类型。

1）局部抽风。局部抽风是指用抽风装置或风管，在污染源头将污染物移除，以防止其再扩散至整个有限空间内。这与全面通风刚好相反。在空气传播污染物有固定产生源的情况下，局部抽风非常有效，能在污染物扩散至人员的呼吸区域前将污染物抽走。局部抽风通常用于全面通风的补充。局部抽风系统通常包括抽风罩、风管、风机等组件。

例如，当在有限空间内进行焊接、切割、气焊、打磨等操作时，会产生有害的烟雾或尘粒，如果使用局部抽风，将抽风装置放置在操作地点旁边即可非常有效地将其移除。但需要注意，为有效地去除污染物，要保证抽风罩处足够的捕捉速率，这个工作应由专业的人员进行确认。

2）全面通风。全面通风是使用机械设备如风机、送风机和风管简单地将大量新鲜空气导入有限空间或者将污染的空气从有限空间排走。全面通风有时也被称作"稀释"通风或正压通风，适用于对低毒的污染物通过稀释的方法将其浓度降低至小于允许暴露的限值。当空气导入有限空间后，产生气流，导入的空气与内部空气混合，空气流动的速度越高，空气混合越充分。混合后的空气散逸出有限空间，随之也将污染物带出。当对一个较长的有限空间进行通风时，在一端需要一个抽风机将空气抽走，另一端使用一个风机将空气导入。当有限空间仅有一个开口时，需要特别注意，要保证通过风管让新鲜的空气可以达到有限空间的最远端或将那里的空气抽走。

全面通风对于有限空间内源于产品、残留物或细菌反应形成的气体或蒸汽是适用的，但对于粉尘、焊接烟雾、喷漆或在有限空间使用的有机溶剂效果不佳。

（2）风机的选择。选择风机时，必须确保能够提供系统所需的气流量。这个气流能克服整个系统的阻力，包括通过抽风罩、支管、弯管及连接处的压损。过长的风管、风管内部表面粗糙、弯管等都会增大气体流动的阻力，对风机风量的要求就会更高。另外，需要注意，风机应该安装在气体洁净的设备下端，以防止捕集到的腐蚀性气体或蒸汽，或者任何会造成磨损的粉尘对风机造成损害。风机还应尽量远离有限空间的开口。

（3）空气换气率。作为参考，有人提出，为满足有限空间内人员最基本的呼吸要求，需要提供至少 2.5L/（s·人）的气流。虽然目前没有统一的关于换气次数的标准，但可以参考一般工业上普遍接收的每 3min 唤起一次的换气率，作为能够提供有效通风的标准。

为粗略估计有限空间所需要提供的气体体积数，可将有限空间的长、宽、高相乘。如某有限空间的长、宽、高分别为 2.5、2、3m，则该有限空间的体积为 $2.5×2×3=15m^3$。为了完成一次足够的换气，我们必须置换掉 $15m^3$ 的空气。

（4）自然通风。自然通风是依靠风或对流的影响而引起的空气自然流动而对空间完成通风。在以下情形不可用自然通风作为安全控制措施：

1）有限空间含有的是最高危害的气体。

2）如果自然通风不能将外界洁净的空气导入有限空间。

除了应持续测量通过空间的气流量，进入人员还必须使用气体监测器连续检测气体，以确认空间内气体环境的安全。

（5）通风应注意的问题。在确定通风系统之前应注意以下事项：

1）有限空间存在的或可能存在的气体危害，确定应选择的通风方式。

2）有限空间的体积，以确定通风量，选择相应的风机。

3）有限空间的开口大小及数量，确定通风位置。

通风开始后，定期检测有限空间内的气体，直到可接受的进入条件保持稳定。检测必须遵守有限空间空气检测的要求。人员进入和工作开始后，对有限空间还要进行持续的通风，并在整个进入过程中持续对气体进行检测，以保证气体环境的安全。

使用通风措施时，建议考虑设置声音或是视觉的报警信号，以便及时传递通风系统发生故障的信息。这个报警信号可以由气体流速或压力开关触发，如使用供电故障或马达故障来判读更及时和可靠。气流速度与压力开关能够发现由于风机传动皮带故障或者气流被阻挡等原因造成的通风故障，及时触发报警。

（五）减少作业相关物料的危害

在某些情况下，有限空间内部的气体本身并不含有有害的气体或者有害气体的浓度处在安全范围内，但由于人员进入有限空间内进行作业所使用的部分物料，可能引入有害的气体而导致人员伤害，因此必须对作业物料进行控制。

（1）使用无毒或低毒的并且不易挥发的物料。

（2）尽量减少带入有限空间的有害物料的数量，即使确实用量较大，也应采取分装、分批送入的方式。

（3）化学品如果暂时不使用，必须保持容器密闭，使用完毕后应立即清理出有限空间。

（4）进入作业所涉及的物料不应与有限空间内的残留物发生反应。

（5）某些作业应选择合适的作业方式，如用手工涂刷替代喷涂喷漆。

（六）使用呼吸防护用品

如果进入之前不能确定有限空间内气体是否安全，或者进入有限空间后，不能确保维持安全的气体环境，或者危害气体测试的结果显示存在，或者采取通防措施后未能有效降低危害气体浓度至安全水平或在紧急情况下需迅速进入有限空间时，就需要给进入人员提供适当正确的呼吸防护器，以确保进入人员停留在有限空间中的安全。呼吸防护器仅在无法提供洁净的可供呼吸的气体或有限空间充满惰性气体的情况下才能使用。进入人员通过呼吸器将吸入空气中的有毒、有害物质过滤掉，使用新鲜的空气源。

（1）空气过滤型呼吸保护器能移除空气中的尘粒，但不能提供缺氧保护。为了可靠地防护粉尘、烟尘等，防护器必须具有合适的尘粒过滤功能。如目前常用的 N95 口罩，可以去除 95% 粒径低至 $3 \sim 5\mu m$ 的粉尘。为防护化学品蒸汽或气体，呼吸防护器必须配备相应过滤功能的滤毒盒，以将有害气体清除，保证空气的洁净。不同的滤毒盒适用于不同的毒物，并且有相应的使用年限。使用者必须针对不同的有害物质选择不同的滤毒盒。没有一种万能的可以过滤一切有害物质的滤毒盒。

（2）负压型过滤式呼吸器不建议在有害物浓度超过最高允许浓度 10 倍的环境中使用。

（3）供气式呼吸防护器能提供洁净的呼吸气体。供气式呼吸防护器必须用于缺氧环境或者当前两类防护器不能将有害物浓度降低至安全浓度以下的情况。

（4）正压式呼吸器对于无法进行测试或不能确认污染物的气体环境非常有效，并且这是适用于应急救援人员仅有的呼吸保护器类型。如果需要使用呼吸防护器，还应建立呼吸防护程序。

三、高处坠落防控措施

若有限空间深度超过 2m，或者在有限空间内进行高于基准面 2m 的地方作业，需要采取防止高处坠落的管控措施。

（一）坠落防护用品

有限空间作业常用的坠落防护用品主要包括全身式安全带、速差自控器、安全绳及三脚架等。

（二）坠落防护用品的正确使用

1. 安全带和安全绳

在有限空间内作业时，正确使用安全带和安全绳是防止坠落事故的重要措施。以下是使用安全带和安全绳的正确步骤和注意事项：

（1）选择合适的设备：选择符合国家标准或行业标准的安全带和安全绳；根据作业环境和风险评估选择合适的安全带类型；确保安全绳的长度适合作业环境，避免过长或过短。

（2）检查设备：在每次使用前，检查安全带和安全绳是否有磨损、断裂或其他损坏；确认安全绳的连接点（如挂钩、卡扣）是否牢固可靠。

（3）穿戴安全带：将安全带穿戴在身上，调整至舒适且紧密贴合身体的位置；确保所有扣环和带子都已正确扣紧，没有松动。

（4）连接安全绳：将安全绳的一端牢固地连接到安全带上的专用连接点；将安全绳另一端连接到作业环境中的固定支点或安全锚固系统上，确保连接点能够承受可能产生的坠落冲击力。

（5）检查连接：在作业前，再次检查安全带和安全绳的连接是否牢固；确认安全绳没有缠绕或扭曲，以免影响使用效果。

（6）作业中的注意事项：保持安全绳的紧张状态，避免在作业中出现松弛；在移动作业位置时，先固定新的安全支点，再解开旧的连接，避免在移动过程中失去保护；避免安全绳与尖锐物体接触，防止割断或磨损。

（7）作业结束后：作业完成后，解开安全绳，小心地从固定支点上取下；将安全带和安全绳存放在干燥、清洁、无尖锐物体的地方，避免阳光直射和化学品的侵蚀。

正确使用安全带和安全绳能够有效减少有限空间作业中的坠落风险，保障作业人员的安全。务必确保所有作业人员都经过专业培训，了解并能正确执行上述步骤。

2. 速差自控器

（1）选择与安全带兼容的速差自控器：确保速差自控器与作业人员所佩戴的安全带相匹配，且符合相关安全标准。

（2）检查设备：在使用前，仔细检查速差自控器的外壳、弹簧、滑轮等部件是否有损坏，确保其功能正常。

（3）正确安装：速差自控器应连接在人体前胸或后背的安全带挂点上，并在使用过程中避免剧烈动作，如跳跃等。在连接过程中，确保安全绳没有扭曲或缠绕。扭曲的绳索可能会在坠落时导致速差自控器无法正常工作。

（4）调整设置：根据作业人员的体重和作业环境，调整速差自控器的锁定速度设置，以适应不同的作业条件。

（5）测试功能：在安装和连接完成后，进行功能测试。轻轻拉动安全绳，模拟坠落情况，检查速差自控器能否及时止锁，防止快速下坠。

（6）作业中使用：在作业过程中，始终保持安全绳与作业面垂直，避免斜拉或扭曲，以免影响速差自控器的效果。

3. 三脚架的使用

（1）选择稳固的三脚架：选择符合作业要求的三脚架，确保其材质、尺寸和承重能力适合作业环境。

（2）检查三脚架：检查三脚架的腿、接头、螺栓等部件是否完好无损，确认没有松动或损坏。

（3）稳固搭建：在坚实的地面上搭建三脚架，确保其水平且稳定。如果地面不平整，应采取措施调整三脚架的腿长，使其保持水平。

（4）固定安全绳：工作人员在使用三脚架时，必须佩戴防坠装置，如安全带和安全绳。将安全绳的一端固定在三脚架的顶部或其他稳固的支点上，确保连接牢固。

（5）作业中监控：在作业过程中，监护人员应密切监控作业情况，确保作业人员与三脚架保持适当的距离，避免因距离过近而导致三脚架倾倒。

（6）避免超载：不要在三脚架上挂载超过其承重能力的重物，以免发生意外。

（7）作业后收存：作业结束后，应将三脚架和安全绳收存好，避免暴露在恶劣环境中。

4. 防止高处坠落的管控措施

（1）安全教育培训。从事有限空间高处作业的人员必须经过培训并取得相应的特种作业资质证书。对从事有限空间高处作业的人员进行定期的安全教育和技能培训，确保他们了解有限空间高处作业的风险和必要的安全措施。

（2）健康检查。定期对高处作业人员进行健康检查，确保他们的身体状况适合从事高空作业，特别要排除心脏病、高血压、癫痫等疾病。

（3）个人防护装备。作业人员要衣着灵便，穿软底防滑鞋，使用全方位安全带、速差自控器等保护设施。作业人员作业前核对安全带标签、安全帽在合格期内。作业前，作业人员应认真检查安全带、安全帽等安全工器具是否良好，能正确使用安全带，高处作业人员在作业过程中，应随时检查安全带是否拴牢。高空移位、作业时都不得失去安全带（绳）保护。

（4）作业现场的梯子应坚固完整，有防滑措施。梯子的支柱应能承受作业人员及所携带的工具、材料攀登时的总重量。

（5）使用有后备保护绳或速差自锁器的双控背带式安全带时，当后备保护绳超过2m时，应使用缓冲器。安全带和后备保护绳应分别挂在不同部位的牢固构件上，同时应防止安全带从杆顶脱出，或被锋利物损坏，安全绳不得采用低挂高用的方式，后备保护绳不准对接使用。

（6）高处作业应一律使用工具袋。较大的工具应使用绳子拴在牢固的构件上。工件、边角余料应放置在牢靠的地方或用铁丝扣牢并采取防止坠落的措施，不准随便乱放，以防止从高空掉落发生事故。

（7）上下传递物品使用绳索，不得乱扔，绳扣要绑牢，传递人员应离开吊件下方。

（8）在进行高处作业时，除有关人员外，不准他人在工作地点的下面通行或逗留，工作地点下面应有围栏或装设其他保护装置，防止落物伤人。如在格栅式的平台上工作，为了防止工具和器材掉落，应采取有效的隔离措施，如铺设木板等。

四、其他作业风险防控措施

有限空间自身的危害必须得到识别确认并加以控制，以确保进入人员安全。作业人员将进行危害识别以确定所有的固有危害，提供需要的预防控制措施及相应的作业程序。监护人员必须在作业人员实施有限空间进入操作前确认所有的措施已经到位并完成。

有限空间固有的危害有很多，如高温高湿、物体打击、坍塌、噪声、灼伤、潮湿表面和中毒。

（一）高温高湿

在高温高湿环境中工作对作业人员的健康和安全构成了挑战。为了保护作业人员的安全，可以采取以下措施：

（1）风险评估。在作业前，进行全面的风险评估，识别高温高湿环境可能带来的风险，如中暑、热应激、脱水等。

（2）安全培训。对作业人员进行高温作业的安全培训，包括如何识别中暑的早期症状、如何采取紧急措施及如何使用个人防护装备。

（3）个人防护装备。在高温、高湿环境下，选择合适的个人防护装备（PPE）对于保护作业人员的安全至关重要。

1）选择透气性好的材料制成的工作服和个人防护装备，以帮助身体散热和排汗，减少中暑风险。

2）在高温环境中，手部可能会接触到热源，因此应选择隔热性能好的手套来保护手部免受热伤害。

3）高温环境可能伴随强光或紫外线辐射，使用防护眼镜，应确保镜片能够防止紫外线和红外线，从而保护眼睛免受伤害。

4）高温高湿环境下，地面可能变得湿滑，选择防滑鞋可以减少滑倒的风险。

5）在高温环境下工作时，可以使用温度监测设备来监控环境温度，确保作业人员在安全范围内。

在选择个人防护装备时，还应考虑作业人员的具体工作性质、环境条件及个人的健康状况。必要时，可以咨询专业的安全顾问。同时，要定期检查和更换个人防护装备，确保其始终处于良好的工作状态。

（4）水分补给。确保作业人员有充足的饮用水供应，以补充因高温出汗而流失的水分和电解质。

（5）休息和轮换制度。实施合理的工作和休息时间，避免连续长时间在高温环境中工作，减少热应激的风险。

（6）环境控制。尽可能改善有限空间的通风条件，使用风扇或便携式空调设备来降低温度和湿度。

（7）监测环境条件。使用温度和湿度监测设备，定期检查有限空间内的环境条件，确保它们在安全范围内。

（8）应急预案。制订高温应急预案，包括中暑和其他相关疾病的处理流程，确保现场有急救设施和必要的急救药品。

（9）作业审批和监护。实施有限空间作业审批制度，确保每次作业都有专人监护，以便在紧急情况下迅速采取行动。

（10）健康监测。对作业人员进行定期的健康检查，特别是心脏和循环系统，以及对热应激的敏感性。

（二）物体打击

物体打击是作业中常见的风险类型之一，是指由于物体的坠落、飞溅、滚动或撞击等原因造成的人员伤害。为了预防物体打击事故，可以采取以下防护措施：

（1）松散或不稳固的物料。任何情况下，如果存在发生陷入或吞没危险的环境，如非绝对必要，不得进入。如果必须进入，授权人员必须提供工作程序，该程序应考虑以下事项：

1）进入前进行检查。

2）首先应考虑尽最大可能移除有限空间内的物料。

3）切断并锁定所有的有限空间的工艺设备。

4）隔离和（或）锁定以防止发生卷入。

5）使用救生绳或索具，以确保进入人员在紧急情况下可以迅速退出。

（2）如果人员可能面对坠物的危险，还需注意以下事项：

1）合理计划作业，以避免人员交叉作业。

2）人员进入有限空间时，可借助工具袋或其他方式安全放置随身携带的工具。

3）如果必须随身携带工具，应避免同时进入，多个进入人员需要进入时，可待先行人员完全到位后另一名人员再进入。

4）对上方的危害进行稳固的防护，如在可能发生物体坠落的区域设置防护网、防护屏或隔离带。

5）佩戴安全帽。对于可能产生飞溅物的作业，如焊接、切割等，使用防护面罩或防护眼镜。

6）在施工现场设置明显的警示标志，提醒人员注意上方作业和可能的物体坠落。

7）使用带有封闭系统的专用工具袋，确保工具不会从高处掉落。对于堆放在高处的物料，使用固定装置确保其稳定，防止因意外碰撞而坠落。

（三）坍塌

有限空间内的坍塌预防是确保作业安全的关键措施之一。以下是一些有效的防坍塌措施：

（1）在有限空间内进行作业前，应采取适当的工程控制措施，如加固结构、使用支撑系统、设置挡土墙等，以增强空间的稳定性。

（2）定期对有限空间的结构稳定性进行监测和检测，特别是在作业前后，确保没有坍塌的迹象。

（3）制订详细的作业计划，包括作业方法、作业路径、作业时间等，确保作业过程中的每一步都经过精心规划和风险控制。

（4）制订并实施有限空间作业的应急预案，包括坍塌事故的预警、撤离路线、救援措施等。

（5）在作业过程中，应有专人负责现场监护，及时发现并处理可能导致坍塌的情况。

（6）为作业人员提供要求使用的适当的个人防护装备，如安全帽、防护服、安全带等，以减少坍塌造成伤害的风险。

（7）确保有限空间内有足够的通风和照明，以便于作业人员观察到潜在的坍塌迹象。

（8）在有限空间作业期间，限制非作业人员进入，减少因坍塌造成的伤亡。

（9）如果有限空间内出现坍塌迹象，作业人员的安全撤离是至关重要的。

1）一旦发现坍塌迹象或接到撤离指令，作业人员应立即停止所有作业活动，严格按照预先规划的撤离路线撤离，避免盲目乱跑，增加风险。

2）一旦撤离到安全区域，立即向现场负责人报告撤离情况，包括撤离人数和任何可能遗留的人员。

3）在确保安全之前，严禁任何人员返回坍塌区域，以免发生二次事故。

（四）噪声

有限空间内的噪声控制是一个重要的职业健康和安全问题。长时间暴露在高噪声环境中可能会导致作业人员的听力损伤、心理压力增加及其他健康问题。以下是一些有限空间内噪声控制的方法和措施：

（1）首先应对有限空间内的噪声水平进行评估，了解噪声的来源、频率和强度，以便制定有效的控制措施。

1）明确需要评估的噪声类型（如稳态噪声、瞬态噪声等）和评估的目的（如职业健康评估、环境影响评估等）。使用精确的声级计或噪声分析仪，确保其频率响应范围和动态范围适合评估需求。

2）在有限空间内选择代表性的位置进行测量，确保测量点不受外部噪声的干扰；根据评估需求，确定测量的时间长度和频率；对于职业健康评估，通常需要测量工作周期内的噪声水平；记录测量时的环境条件，如温度、湿度、空间大小等，这些因素可能会影响噪声测量结果。

3）根据噪声水平和作业人员的暴露时间，评估噪声暴露的风险。

（2）常用控制噪声措施包括以下三个方面：

1）改进机械设备的设计，使用低噪声设备，或对现有设备进行维护和升级，以减少噪声的产生。

2）隔声，在有限空间内安装隔声材料或屏障，如隔音板、隔音帘等，以减少噪声的传播。

3）吸声，使用吸声材料，如吸声泡沫、纤维玻璃等，吸收噪声能量，降低反射噪声。

（3）个人防护措施。提供耳塞或耳罩等个人防护设备，特别是对于高风险的噪声环境；教育作业人员正确使用和维护个人防护设备；定期对作业人员进行听力测试，监测听力变化。

（4）技术改进。研究和采用新技术，如主动噪声控制（active noise control，ANC）系统，通过产生与噪声相抵消的声波来减少噪声。

（五）灼伤

在有限空间内工作时，由于存在多种潜在的危险因素，如燃烧体、高温物体、化学品以及强光等，作业人员面临烧伤、烫伤和灼伤的风险。为了避免这些伤害，可以采取以下措施：

（1）根据工作环境的具体危险，选择合适的个人防护装备（PPE），如耐热手套、防护眼镜、面罩、隔热服装等，以降低直接接触或暴露于有害因素中的风险。

（2）对于高温物体、燃烧体和有害化学品，采取物理隔离措施，如使用防护屏障、设置安全警示标识，确保人员与危险源保持安全距离。

（3）妥善存储和管理化学品，使用防漏容器，并确保它们存放在通风良好、温度适宜的地方。使用适当的吸附材料处理泄漏，并训练员工正确处理紧急情况。

（4）对于强光或紫外线等可能造成伤害的光源，采用遮光或防护措施，如穿戴 UV 防护眼镜等，减少眼睛和皮肤的暴露。

（5）制定和实施有限空间作业的安全操作规程，包括作业前的准备工作、作业中的安全措施及作业后的清理工作。

（6）加强工作区的通风，尤其是在使用化学品或存在燃烧的情况下，以减少有害蒸气或烟雾的积聚。

（7）在高温物体或化学品附近设置防护屏障，如隔热屏或隔离区，以减少直接接触的风险。

（8）在有限空间入口处设置明显的警示标志，提醒作业人员注意潜在的灼伤风险。

（六）潮湿表面

有限空间内的潮湿表面可能增加滑倒和跌落的风险，同时也可能导致电气设备短路和触电事故。当空间内存在坡度或斜度时，风险进一步增加。为了确保操作人员作业安全，需要采取一系列措施来应对潮湿表面带来的潜在危险：

（1）在潮湿区域设置防滑垫或防滑格栅，减少滑倒的风险。确保所有的通道和工作区域都有适当的防滑处理。定期清洁有限空间，移除可能导致滑倒的油污、泥沙等杂物。

（2）改善有限空间的排水系统，确保积水能够及时排除。同时，改善有限空间的通风条件，减少湿气和凝结水的产生。

（3）使用除湿机等设备降低空气湿度，有助于减少有限空间表面的潮湿程度。保持空间干燥有利于减少滑倒和降低电气安全风险。

（4）对有限空间内的所有设施进行定期检查和维护，及时修复可能导致泄漏或积水的问题，如破损的管道或密封不良的结构。

（5）在潮湿环境中工作时，确保工作人员配备适当的个人防护装备，如防滑鞋、防滑手套等，减少事故发生的可能性。在有限空间内，使用头灯或其他便携式照明设备，确保能够清晰地看到地面情况，避免踩到可能导致滑倒的障碍物。如果作业区域存在高处作业的风险，应使用安全带、安全绳和其他坠落防护装备，确保在滑倒时能够防止坠落。

（6）在潮湿环境中特别注意电气安全，使用防水或防潮的电气设备和插座，确保所有的电气系统都符合安全标准。

（7）在潮湿区域设置明显的警示标志，提醒作业人员注意地面湿滑。在斜坡或易滑区域安装扶手和抓杆，为作业人员提供额外的支持和稳定性。对于特别危险的潮湿斜坡区域，可以考虑使用隔离栏或防护网进行物理隔离，防止未经授权的人员进入。

（七）中毒

为了避免蛇、蟾蜍、啮齿动物等小动物进入有限空间，从而降低作业人员被咬伤的风险，可以采取以下预防措施：

（1）环境管理：

1）清除有限空间周围的杂草和垃圾，减少动物的栖息地。

2）保持工作区域的清洁，避免食物残渣吸引小动物。

3）在有限空间的入口处安装细网栅或门帘，防止小动物进入。

（2）物理防护：检查有限空间周围的墙壁、工井、风亭等处的缝隙和孔洞，使用适当的材料（如金属网、密封胶）进行密封。

（3）化学驱赶：使用合法的驱鼠剂或其他驱赶剂，但要确保使用的化学品对人体无害，并遵循产品说明书进行使用。

（4）定期检查：

1）在有限空间内，特别是在作业前，确保没有小动物藏匿。

2）使用陷阱或监控设备（如摄像头）监测小动物的活动。

（5）制订紧急行动计划，以便在人员被咬伤或其他紧急情况发生时快速响应。包括急救程序、联系医疗机构的信息及如何安全地捕获或驱赶这些动物。

（八）淹溺

电力电缆有限空间作业中的淹溺风险可以通过以下措施来预防和避免：

（1）在作业前，对有限空间进行彻底检查，确保没有液体积聚或其他可能导致淹溺的情况。在作业前，对有限空间进行充分的通风换气，以确保空间内没有有害气体积聚，并且有足够的氧气供应。避免作业人员单独进入有限空间，至少应有两个人，以便在发生紧急情况时能够相互支援。

（2）若电力电缆有限空间内存在积水情况，在进入电力电缆有限空间作业前应采用排水设备将积水排净。排水完成后，对有限空间进行充分的通风换气，以确保空气质量。

针对电力电缆隧道，应确保隧道的防水层正常无破损。对于隧道的接缝和裂缝，应使用专业的防水材料进行密封处理。隧道内应安装有效的排水系统，如排水沟和集水井，以及自动或手动控制的排水泵。排水系统应定期检查和维护，确保隧道内无积水。

第三章

电力电缆有限空间安全生产责任制

第一节　安全生产责任制总体要求

主管电力电缆有限空间的生产经营单位是安全生产的责任主体，从事有限空间作业和具有有限空间作业行为的生产经营单位必须履行《中华人民共和国安全生产法》等相关法律法规赋予的义务和责任。生产经营单位的主体责任包括建立安全生产相关制度、有限空间作业的发包与承包、有限空间作业安全技术职责等内容。

一、安全生产责任制和管理机构的建立

（一）建立并落实安全生产责任制度

生产经营单位建立并落实安全生产责任制度的主要内容如下：

（1）主要负责人对本单位的安全生产工作负全面责任。

（2）分管安全负责人负有直接领导责任。

（3）现场负责人负有直接责任。

（4）安全生产管理人员负有监督检查的责任。

（5）工作人员负有服从指挥，遵章守纪的责任，明知违法有拒绝的责任。

（6）作业监护人员做好现场监护的责任。

（二）建立作业审批制度

凡进入电力电缆有限空间进行施工、检修、清理作业的，生产经营单位应实施作业审批。未经作业负责人审批，任何人不得进入电力电缆有限

空间作业。

（三）建立危害告知制度

生产经营单位应在电力电缆有限空间进入点附近设置醒目的警示标志标识，并告知作业者存在的危险有害因素和防控措施，防止未经许可人员进入作业现场。

（四）建立临时作业制度

生产经营单位在有限空间实施临时作业时，应严格遵照有关规范的要求。如缺乏必备的检测、防护条件，不得自行组织施工作业，应与有关部门联系求助配合或采用委托形式进行。

（五）建立安全培训制度

生产经营单位应对电力电缆有限空间作业负责人员、作业者和监护者开展安全教育培训，培训内容包括：①电力电缆有限空间存在的危险特性和安全作业的要求；②进入电力电缆有限空间的程序；③检测仪器、个人防护用品等设备的正确使用；④事故应急救援措施与应急救援预案等。培训应有记录。培训结束后，应记载培训的内容、日期等有关情况。

生产经营单位没有条件开展培训的，应委托具有资质的培训机构开展培训工作。

（六）建立安全管理制度

生产经营单位对电力电缆有限空间作业应指定相应的管理部门，并配备相适应的人员。

（七）建立健全应急救援制度

生产经营单位应制订电力电缆有限空间作业应急救援预案，明确救援人员及职责，落实救援设备器材，掌握事故处置程序，提高对突发事件的应急处置能力。预案每年至少进行一次演练，并不断进行修改完善。电力电缆有限空间发生事故时，监护者应及时报警，救援人员应做好自身防护，配备必要的呼吸器具、救援器材，严禁盲目施救，导致事故扩大。

（八）建立事故报告制度

电力电缆有限空间发生事故后，生产经营单位应当按照国家和本地有关规定向所在区县政府、应急管理部门和相关行业监管部门报告。

（九）有限空间单位发包与承包

生产经营单位委托承包单位进行电力电缆有限空间作业时，应严格执行承包管理，规范承包行为，不得将工程发包给不具备安全生产条件的单位和个人。

生产经营单位将电力电缆有限空间作业发包时，应当与承包单位签订专门的安全生产管理协议，或者在承包合同中约定各自的安全生产管理职责。存在多个承包单位时，生产经营单位应对承包单位的安全生产工作进行统一协调、管理。

承包单位应严格遵守安全协议，遵守各项操作规程，严禁违章指挥、违章作业。

此外，电力电缆有限空间单位发包与承包还应遵守下列要求：

（1）生产经营单位不具备电力电缆有限空间作业条件的，应将电力电缆有限空间作业项目发包给具备相应资质的施工单位。

（2）发包单位与承包单位在签订承发包施工合同的同时，应签订安全生产协议，明确双方的安全生产责任。

（3）发包单位、承包单位应共同遵守电力电缆有限空间作业标准的要求。

（十）有限空间作业安全技术职责

生产经营单位有限空间作业安全技术的职责如下：

（1）"先通风、再检测、后作业"的原则。实施有限空间作业前，生产经营单位应严格执行"先通风、再检测、后作业"的原则，根据作业现场和周边环境情况，检测有限空间可能存在的危害因素。

（2）危害评估。实施有限空间作业前，生产经营单位应根据检测结果对作业环境危害状况进行评估，制定消除、控制危害的措施，确保整个作业期间处于安全受控状态。

（3）持续可靠的通风。生产经营单位实施电力电缆有限空间作业前和作业过程中，可采取强制性持续通风措施以降低危险，保持空气流通，严禁用纯氧进行通风换气。

（4）满足安全作业的防护设备。生产经营单位应为作业人员配备符合国家标准要求的通风设备、检测设备、照明设备、通信设备、应急救援设备和个人防护用品。

（5）配备应急救援装备。生产经营单位应配备全面罩正压式空气呼吸器或长管面具等隔离式呼吸保护器具，应急通信报警器材，现场快速检测设备，大功率强制通风设备，应急照明设备，安全绳，救生索，安全梯等。

二、企业负责人的安全职责

生产经营单位的主要负责人对本单位的安全生产工作全面负责。"管生产必须管安全""谁主管谁负责"，这是我国安全生产工作长期坚持的一项基本原则。目前，在我国，"主要负责人"的含义，只能依据单位的性质，以及单位的实际情况来具体确定。一般而言，对单位负有全面责任、具有生产经营决策权的人就是主要负责人。在进入电力电缆有限空间作业时，主要负责人负有的职责如下：

（1）建立健全电力电缆有限空间作业安全生产责任制，明确电力电缆有限空间作业负责人、作业者、监护者职责。

（2）组织制订专项作业方案、安全作业操作规程、事故应急救援预案、安全技术措施等电力电缆有限空间作业管理制度。

（3）保证电力电缆有限空间作业的安全投入，提供符合要求的通风、检测、防护、照明等安全防护设施和个人防护用品。

（4）督促、检查本单位电力电缆有限空间作业的安全生产工作，落实电力电缆有限空间作业的各项安全要求。

（5）提供应急救援保障，做好应急救援工作。

（6）及时、如实地报告生产安全事故。

三、安全管理人员安全职责

安全管理人员的职责如下：

（1）法规遵守。贯彻执行国家、行业和公司有关有限空间作业安全管理的各项法律法规和制度标准。

（2）制定和执行安全管理制度。安全管理人员需组织制定有限空间作业安全管理制度，包括作业审批、监护人员、作业人员职责，以及安全培训、作业审批、防护用品、应急救援装备、操作规程和应急处置等方面的要求。

（3）风险辨识与评估。负责对有限空间进行辨识，建立管理台账，明确有限空间的数量、位置及危险因素等信息，并及时更新。同时，根据有限空间作业安全风险大小，明确审批要求。

（4）安全培训。组织并实施有限空间作业专题安全培训，确保作业审批人、监护人员、作业人员和应急救援人员具备必要的安全知识和技能。

（5）监护制度的实施。实行有限空间作业监护制，明确专职或兼职的监护人员，负责监督有限空间作业安全措施的落实。

（6）应急救援准备。制订有限空间作业现场处置方案，组织演练，并对演练效果进行评估。确保现场配备必要的应急救援装备，并保证其正常使用。

（7）现场安全管理。在有限空间出入口等醒目位置设置明显的安全警示标志，并在具备条件的场所设置安全风险告知牌。对可能产生有毒物质的有限空间采取物理隔离措施。

（8）监督检查。加强对有限空间作业的监督检查，将检查纳入年度监督检查计划，对发现的事故隐患和违法行为，依法做出处理。

（9）事故应急处置。在有限空间作业事故发生时，安全管理人员应当立即组织救援，确保及时有效地处置突发情况。

第二节　各级单位工作职责

一、安全监查部门主要职责

在进入电力电缆有限空间作业时，安全监查部门的职责有：

（1）贯彻执行国家、行业和公司有关有限空间作业安全管理的各项法律法规和制度标准。

（2）制定完善本单位有限空间作业安全监督管理相关规章制度。

（3）监督、检查、评价各单位有限空间及其作业现场安全管理工作。

（4）参加和协助相关事故调查工作，监督"四不放过"❶原则的贯彻落实。

---

❶ "四不放过"：事故原因未查清不放过、责任人员未处理不放过、整改措施未落实不放过、有关人员未受教育不放过。

二、设备（运检）安全职责

在进入电力电缆有限空间作业时，设备（运检）部门的职责有：

（1）贯彻执行国家和上级单位有关规定及工作部署，建立健全本单位有限空间安全管理、作业审批管控、应急处置等规章制度并监督执行。

（2）保证有限空间安全投入，建立和完善本单位有限空间管理台账，做好有限空间安全标志、安全设施、器材配置，以及维修、保养等管理工作，及时消除各类安全隐患。

（3）根据有限空间存在危险有害因素的种类和危害程度，为作业人员配备符合国家或者行业标准要求的通风检测、劳动防护和应急救援等设施设备，建立台账和日常维护记录，并教育监督作业人员正确佩戴与使用。典型防护和应急救援设施设备配置如下：

1）负责本单位有限空间建设、运检等业务外委（包）等作业安全资质审查，明确安全责任，检查安全措施落实情况；及时协调解决作业现场有关文明施工的重大问题。审批许可进入本单位有限空间的各类作业，并进行危险点告知。

2）定期开展有限空间作业负责人、监护人、作业人员、救援人员等相关人员专项安全教育和技能培训，并建立培训档案。

3）负责开展作业风险辨识、评估和管控工作，有针对性地制定和落实有限空间作业安全防范措施。

4）制订完善本单位应急预案和现场处置方案，并定期开展演练。

5）及时、如实地报告生产安全事故。

三、电力电缆有限空间作业负责人职责

在电力电缆有限空间作业中，作业负责人安全职责如下：

（1）负责检查作业现场安全措施是否正确完备，确认作业环境、作业程序、防护设施、作业人员符合要求，正确安全地组织工作。

（2）作业前，对全体人员进行安全交底，并履行签字确认手续，确认作业人员上岗资格、身体状况符合要求。

（3）严格执行现场安全措施，全过程掌握作业现场危害因素及人员情况，当环境、条件变化不符合安全要求时，立即终止作业，撤出人员。

（4）发生有限空间作业事故，及时报告，并按要求组织现场处置。

（5）在作业期间，不得擅自离开负责岗位。

四、电力电缆有限空间监护人员职责

电力电缆有限空间作业的监护人员主要有气体检测人员和作业监护人员，他们各自的职责如下：

（一）气体检测人员的职责

（1）接受电力电缆有限空间作业安全生产培训。

（2）熟悉检测仪器设备和检测方法。

（3）按照作业人员操作规程中的有关规定进入电力电缆有限空间检测。

（4）能科学分析有毒有害介质的产生原因。

（5）对所检测的数据负责。

（6）防止未经授权的人员进入。

（二）作业监护人员的职责

（1）接受电力电缆有限空间作业安全生产培训。

（2）具有熟悉安全防护和应急救援，警觉并判断作业者异常行为的能力，接受职业安全卫生培训。

（3）坚守岗位，作业者在作业期间，监护人员不能离岗，适时与作业者进行有效的安全、报警、撤离等信息交流，在紧急情况时，向作业者发出撤离警报。

（4）发生以下情况时，应即令作业者撤离电力电缆有限空间，情况紧急应呼叫应急救援并报告作业负责人：

1）发现作业者出现异常行为。

2）电力电缆有限空间外出现威胁作业者安全和健康的险情。

3）监护者不能安全有效地履行职责时，也应通知作业者撤离。

（5）防止未经授权的人员进入。

五、电力电缆有限空间作业人员职责

在电力电缆有限空间作业中，作业人员安全职责如下：

（1）接受电力电缆有限空间作业安全生产培训。

（2）接受作业前安全交底，并履行签字确认手续。

（3）遵守安全规程，熟悉工作内容、作业流程，掌握安全措施，正确使用有限空间作业安全防护设备与个体防护用品。

（4）服从作业现场负责人安全管理，接受现场安全监督，配合监护人员的指令，作业过程中与监护人员定期进行沟通。

（5）出现异常时，立即中断作业，撤离有限空间。

第四章
电力电缆有限空间安全管理

　　为规范有电力电缆有限空间作业安全管理，存在有限空间作业的单位应建立健全有限空间作业安全管理制度和安全操作规程。安全管理制度主要包括安全责任制度、作业审批制度、作业现场安全管理制度、相关从业人员安全教育培训制度、应急管理制度等。有限空间作业应遵循"谁批准、谁负责；谁发包、谁负责；谁作业、谁负责"的安全管理原则，现场作业班组应严格执行"先通风、后检测、再作业"的基本要求。有限空间作业安全管理制度应纳入单位安全管理制度体系统一管理，可单独建立，也可与相应的安全管理制度进行有机融合。在制度和操作规程内容方面：一方面，要符合相关法律法规、规范和标准的要求；另一方面，要充分结合本单位有限空间作业的特点和实际情况，确保具备科学性和可操作性。

　　各单位应根据有限空间的定义，辨识本单位存在的各类有限空间及其安全风险，建立健全有限空间作业安全管理制度和安全操作规程，明确运维管理单位，完善管理台账并及时更新，严格落实有限空间准入管理，并按要求做好安全警示标志设置、安全防护设备设施配置、培训演练及日常运维管理工作。

第一节　电力电缆有限空间作业台账管理

一、电力电缆有限空间台账编制要求

电力电缆有限空间主要包含电缆隧道、电缆沟、电缆工井（含光缆）、电

缆夹层等。电力电缆有限空间的运维单位应辨识本单位存在的有限空间及其安全风险，确定有限空间数量、位置、名称、主要危险有害因素、可能导致的事故及后果、防护要求、作业主体等情况，建立有限空间台账并及时更新。

电力电缆有限空间台账应包含电力电缆有限空间的空间状态和作业情况。有限空间的空间状态应包含以下内容：①有限空间的基本信息，每个有限空间需要清晰记录其基本信息，包括名称、位置、规模、设计要求等；②有限空间内的设备情况，电力电缆有限空间内的设备要有相应的记录；③安全评估，对每个有限空间进行安全评估并记录，应包括主要风险因素、危险等级、先前发生的事故、建议的防护措施等；④工作记录，所有进入有限空间执行操作的工作都应被详细记录，包括工作人员信息、开工时间、工作内容、工作完成情况及可能遇到的问题；⑤安全措施和程序，记录每个有限空间的安全措施和程序，包括操作规程、安全防护装备、紧急救援措施等；⑥有限空间负责人，标明有限空间的负责人、联系方式及主要职责；⑦风险防护，记录存在的风险、积极防护措施、风险的变化趋势等；⑧日期和时间的记录，对于每个重要的步骤，都需要记录日期和时间。

电缆有限空间管理台账示例与有限空间基本情况统计表可参照表 4-1 和表 4-2。

表 4-1　　　　　　　　　　电缆有限空间管理台账示例

单位名称：　　　　　　　　单位地址：　　　　　　　　建档时间：　　年　月　日

序号	存在区域	有限空间名称或编号	主要危害因素	可能造成的事故后果	防护要求	有限空间辨识审批责任人	有限空间辨识现场责任人

填报人：　　　　联系电话：　　　　单位审核人：

说明：1. 企业所有存在有限空间作业的工作点，要逐一建立台账。

　　　2. 存在区域：填写具体的行政区域、街道（镇），如××区××街道、××区××镇等。

表 4-2　　　　　　　　　有限空间基本情况统计表

填报单位：　　　　　　　　　　　　　　　　　　（盖章）　单位审核人签字：

基本情况	企业名称		生产经营 单位地址	
有限空间辨识	数量		类型分布：地上__个、 地下__个、密闭设备__个	
教育培训	企业组织培训时间及 人数		参加主管部门培训时间及 人数	
有限空间作业 管理	建立安全责任制	有□　无□	开展隐患排查	有□　无□
	落实作业审批制度	有□　无□	建立作业管理基础台账	有□　无□
	制定安全操作规程	有□　无□	组织现场监管监护	有□　无□
	落实作业许可制度	有□　无□	检测检验手段	有□　无□
	防护装备	有□　无□	警示标志	有□　无□
应急救援	应急预案	有□　无□	应急设备	有□　无□
	应急演练	有□　无□	应急队伍	有□　无□
隐患整改情况	存在隐患		整改情况	

填报日期：　　　年　　　月　　　日

说明：1. 涉及的电缆有限空间主要包括电缆隧道、电缆沟、电缆工井（含光缆）、电缆夹层等。

2. 危险有害因素主要包括窒息、中毒、火灾、爆炸等。

3. 防护装备包含个人防护用品。

二、电力电缆有限空间典型作业台账与分级分类

电力电缆有限空间的运维及检修单位，应建立并完善电力电缆有限空间作业分级分类，编制作业风险分级表及典型作业工序风险库，形成电力电缆有限空间典型作业台账。编制有限空间抢修作业预案，落实"一级一案"，高风险有限空间区段抢修作业实施"一段一案"。抢修作业的管理等级较同通道下的计划作业进行提级管理。

有限空间作业风险分级按照电压等级、作业范围、作业内容进行划分作业风险分级表如表 4-3 所示。

表 4-3　　　　　　　　　作业风险分级表

序号	电压等级（kV）	作业范围	作业内容	分级
1	10	电缆线路检修	电缆线路本体及附件 A、B、C 类检修	IV
2	10	电缆线路检修	电缆通道 A、D 类检修	V

续表

序号	电压等级（kV）	作业范围	作业内容	分级
3	10	电缆线路检修	涉及有限空间电缆通道 A、D 类检修	III
4	10	电缆线路检修	E 类检修：带电断空载电缆线路与架空线路连接引线、带电接空载电缆线路与架空线路连接引线	IV
5	10	电缆分支箱	本体及附件 A、B、C 类检修	IV
6	10	电缆分支箱	接地 D 类检修	V
7	10	电缆通道施工	在重要地下管线（如供水、燃气、石油管线、国防电缆等）附近采用拉管、顶管等方式进行的管道建设	III
8	10	电缆通道施工	在重要地下管线（如供水、燃气、石油管线、国防电缆等）附近采用开挖方式进行的管道建设	IV
9	10	电缆线路施工	配电电缆更换、敷设及接线，包括 10kV 主线电缆、分支线电缆及相关附件制作，直埋、电缆沟等敷设方式	IV
10	10	电缆线路施工	配电电缆耐压、交接等试验。包括电缆主绝缘及外护套绝缘电阻测量、主绝缘交流耐压试验、电缆两端的相位检查、局部放电检测和介质损耗检测、超声波局部放电检测、接地电阻检测	IV
11	35	电缆线路检修	电缆线路本体及附件 A、B、C 类检修	IV
12	35	电缆线路检修	电缆通道 A、D 类检修	V
13	35	电缆线路检修	涉及有限空间电缆通道 A、D 类检修	III
14	35	电缆线路检修	E 类检修：带电断空载电缆线路与架空线路连接引线、带电接空载电缆线路与架空线路连接引线	IV
15	35	电缆线路检修	E 类检修：旁路作业检修电缆线路	III
16	66 及以上	电缆线路 A/B 类检修	同沟敷设多回电缆，进行部分电缆停电开断作业	IV
17	66 及以上	电缆线路 A/B 类检修	邻近易燃、易爆物品或电缆沟、隧道等密闭空间动火作业	III
18	66 及以上	电缆线路 A/B 类检修	制作环氧树脂电缆头和调配环氧树脂工作	IV
19	66 及以上	电缆线路 B 类检修	高压电缆试验	IV
20	66 及以上	电缆线路 C 类检修	所有作业	IV
21	66 及以上	电缆线路 D 类检修	所有作业	V

续表

序号	电压等级（kV）	作业范围	作业内容	分级
22	66 及以上	电缆线路电缆巡视	进入电缆隧道、电缆井等密闭空间开展的巡视	V
23	66 及以上	电缆线路电缆巡视	电缆故障、洪水倒灌、异常告警时开展的巡视	IV

注 按照设备电压等级、作业范围、作业内容对检修作业进行分类，基于人身风险、设备重要程度、运维操作风险、作业管控难度、工艺技术难度等五类因素等级评价，综合各因素的权重占比，突出人身风险，确定作业风险等级（由高到低分为 I～V 级）。表4-3中如有未涵盖的检修项目，各单位参照同电压等级下相近的作业范围和作业内容来确定分级。

电力电缆有限空间内的作业管理，应建立典型风险工序库，分析工序风险，提供对应的风险防范措施及技术方案，形成有限空间作业台账。典型的电力电缆有限空间作业包括电缆敷设、电缆拆除、电缆切改、电缆核相、电缆试验等。

（1）排管、电缆沟敷设作业，面临机械伤害、物体打击风险，在工井内安装直线滑轮。用穿管器将钢丝绳穿好。在保护管的进出口处安装管口喇叭口。对于大截面电缆，搭设放线架，将电缆平滑引至工井内，在放线架和中间工井内放置电缆输送机辅助牵引。机械牵引时，牵引力应满足设计规范和规程标准的要求，敷设速度不大于 15m/min，110kV 及以上电缆或在较复杂路径上回收时，其速度不宜超过 6m/min；满足弯曲半径和侧压力、扭力等要求。

电缆盘处设 1～2 名有经验的人员负责施工，检查外观有无破损，并协助牵引人员把电缆终端顺利送到井口处，电缆表面可涂牛油减小摩擦阻力。敷设时应注意保持通信顺畅，在电缆盘、工井等地方安排有经验的人员看护，敷设过程中若发现问题，应立即停止，及时处理。电缆裕度摆放合理，满足设计要求。电缆就位轻放。敷设后，检查电缆密封端头、电缆外护套是否损伤，试验是否合格，有问题应及时处理。用记号笔在电缆两端做好路名标记。对于单芯电缆，将相色带缠绕在电缆两端的明显位置。将电缆保护管口封堵严实。

（2）隧道敷设作业，面临机械打击、触电等风险。敷设前搭建放线架，将电缆平滑引至工井内，在放线架上放置电缆输送机辅助牵引。根据施工方案布置卷扬机、电缆输送机、电动导轮和滑轮。在隧道竖井内架设电缆输送机防止电缆在自重下过快滑落，并在转弯处加设专用的拐弯滑轮。隧道内每隔 10m

架设电动导轮。全部机具布置完毕后，试运行应无问题。敷设应注意保持通信畅通，在电缆盘、牵引端、转弯处、竖井、隧道进出口、终端、放缆机及控制箱等地方设置通信工具。电缆盘处设 1～2 名有经验的人员负责施工，检查外观有无破损，并协助牵引人员把电缆终端顺利送到井口处。电缆允许的最大牵引力按照铜芯电缆为 70N/mm^2、铝芯电缆为 40N/mm^2 考虑；钢丝网套牵引铅护套电缆时最大牵引力为 10N/mm^2，铝护套电缆为 40N/mm^2、塑料护套为 7N/mm^2 来考虑。转弯处的侧压力应符合制造厂的规定，无规定时在圆弧型滑板上不应小于 3kN/m，在电缆路径弯曲部分有滚轮时，电缆在每只滚轮上所受的侧压力对无金属护套的挤包绝缘电缆为 1kN，对波纹铝护套电缆为 2kN，铅护套电缆为 0.5kN。

电缆的弯曲半径一般要满足有关规定和设计要求。电缆敷设的速度要求 6m/min。敷设过程中，应设专人监护，局部电缆出现裕度过大的情况，应立即停车处理后，方可继续敷设，防止电缆弯曲半径过小或撞坏电缆。敷设过程中，若发现其他问题，应立即停止，及时处理。电缆就位应轻放，严禁磕碰支架端部和其他尖锐硬物。电缆蛇形打弯，蛇形的波节、波幅应符合设计要求。每条电缆标示路名，并将相色带缠绕在电缆两端的明显位置。敷设后，检查电缆密封端头、电缆外护套是否损伤，试验是否合格，有问题应及时处理。电缆盘应配备制动装置，它可以保证在任何情况下都能够使电缆盘停止转动，防止电缆损伤。电缆在制作蛇形打弯时，严禁用有尖锐棱角铁器撬电缆，防止损伤电缆。每条电缆标示路名，并将相色带缠绕在电缆两端的明显位置。隧道内和地面之间要有通信通道。电力电缆不能与通信电缆、自来水管、燃气管、热力管等线路同沟敷设。电缆的端部应有可靠的防潮措施，施工前应对电缆进行校潮，如果发现电缆受潮，应进行去潮处理之后方能敷设。

（3）拆除旧电缆，面临触电、机械伤害。拆除旧电缆前仔细核对电缆的铭牌和线路名称与工作票所写是否相符，确认无误后方能施工，拆除旧电缆前对电缆进行验电、放电后挂接地线。根据回收用途及现场实际情况，确定旧电缆分段的方案。在各分段的旧电缆两侧用电缆识别仪确认，用接地的带绝缘柄的铁钎钉入目标电缆芯确认电缆无电后，将需更换的旧电缆段从两侧锯开，用封帽将电缆末端封好。电缆经过的电缆井处设有经验的工作人员监护，控制好摩擦力、牵引力、侧压力、扭力等技术参数，防止损伤运行中的电缆。操作时，电缆头密封处应处理干净，封帽与电缆线芯间预留 20～30mm 间隙，防止伸缩顶穿封帽。机械回收电缆速度不超过 15m/min。控制电缆牵引力：有牵引头的铜芯不大于 70N/mm²、铝芯不大于 40N/mm²、钢丝网罩套铅套的牵引力不大于 7N/mm²、钢丝网罩套铝套的牵引力不大于 40N/mm²；机械牵引采用牵引头或钢丝网套时，牵引外护套时，最大牵引力不大于 7N/mm²。

（4）电缆固定工作，面临高坠、机械打击、触电等风险。电缆终端以下 1m 处应用抱箍固定，固定电缆要牢固，抱箍尽量和电缆垂直。电缆在工井中用吊架悬吊并留有伸缩弧，工井、电缆沟内每个 1～1.5m 安装支架，用尼龙扎带或电缆夹具固定。在电缆隧道及电缆沟、竖井敷设中，电缆敷设完毕后，应按设计要求将电缆固定在支架上。电缆固定材料一般有电缆固定金具、电缆抱箍、皮垫、防盗螺栓、尼龙绳等；按设计要求调整电缆的波幅，进行挠性固定的波峰、波谷及波形间距应符合设计规定，波幅误差 ±10mm。电缆悬吊固定按设计要求执行，电缆引上固定安装按设计要求执行，固定完成后，外护套试验通过后，安装防盗螺母。单芯电缆上的夹具不得以铁磁材料构成闭合磁路，应采用铝合金、不锈钢或塑料为材质的夹具，铁制夹具及零部件应用镀锌制品。电缆夹具间加装弹性衬垫，对电缆进行防震。固定电缆夹具应由有经验的人使用力矩扳手紧固，夹具两边的螺栓应交替进行，不能过松或过紧，松紧程度应一致。电缆终端搭接和固定必要时加装过渡排，搭接面应符合规范要求。电缆固定后应悬挂电缆标识牌，标识牌尺寸规格统一。

（5）上、下电缆通道，可能面临机械伤害、物体打击、高处坠落等风险。打开井口应设置围栏，围栏应用四块围好或固定好圆形围栏。井口应设专人看护，看护人不得离岗。上、下井扶好抓牢，井下应设置梯子。上、下传递工器具系牢稳，上、下呼应好，不要听到响声探身，防止砸伤。井口下运行电缆及电力设备应有防止砸伤的保护措施。上、下运送重量较大的工器具时，应有专人负责和指挥。上、下井需踩稳抓牢，不要跳下，防止摔伤。递东西用小绳拴牢，下方要有人接应等。工作完毕后盖好井盖。

（6）运行设备区电缆工作，可能面临的风险有高空坠落、机械伤害、触电。与值班人员签订工作票后，认真听值班人员交代工作范围和带电部位及注意事项。得到工作许可后方可开始工作。工作前认真核对路名开关号，在指定地点工作，严禁超范围工作及走动，严禁乱动无关设备，设专人监护。严格按安全规定要求保持与带电部位的安全距离。未经值班人员许可，严禁动用站内设备及工器具。未经值班人员许可，严禁移动安全遮挡、围栏、警示牌等安全用具。在运行设备区域内工作、严禁跨越、移动安全遮挡。在运行设备区域内工作的电缆材料、工具、施工垃圾等易飘扬、飘洒的物品，必须严格管理回收或固定。施工时，对运行设备区域内的所有设施加强保护。在运行设备区域内工作必须设专人监护，监护人严禁离开监护岗位。接用施工临时电源时，应事先征得站内值班人员的许可，从指定电源屏（箱）接出，不得乱拉乱接。运行设备区域的施工临时电源禁止架空敷设，应采用电缆敷设或固定措施。定时监测有毒有害气体。条件允许时，宜对周边电缆采取隔离措施。

（7）电缆切改，面临物体打击、燃爆、触电等风险。作业前通知监理旁站。工作前应核对路名、开关号准确无误。严格执行安全规程有关停电工作安全技术措施，停电、验电、挂接地线应设专人监护。安全工具使用前，必须进行检查，严格核实电压等级，地线接地要牢固，严格按程序挂拆地线。挂地线时，人体严禁与地线接触。接到工作许可后，应检查线路两端开关是否断开，接地开关是否合上或接地线已封挂好。电缆切改，必须进行放信号核实工作，确认切改电缆必须使用安全刺锥，确认后方可断开电缆。判断停电电缆要 2 人以上，安全刺锥要保证接地良好。工作中，要注意其他运行电缆及设备，必要时采取保护措施。

（8）电缆压接，主要面临物体打击风险。使用压接工具前，应检查压接工具型号、模具是否符合所压接工作等级要求。压接时，人员要注意头部远离压接点，距离应该在 30cm 以外。装卸压接工具时，应防止砸碰伤手脚。

（9）电缆核相，主要面临高空坠落、机械伤害、触电风险。发电、核相前认真核对路名、开关号，检查电缆线路应无人工作，检查相位是否正确。用相对应电压等级的绝缘电阻表对电缆进行绝缘摇测，检查电缆线路是否有问题。检查自挂地线是否全部拆除，此项工作由专人负责。全部工作结束后，应向工作许可人告知。核相工作前，认真检查核相器接线是否正确，操作人员要精神集中，听从读表人指挥。此项工作必须 4 人进行，2 个人持核相杆，一人读表一人监护。持杆人员要经过安全培训，持杆要稳，注意对地距离，直向持杆，严禁横向移动。在指定区域内工作，严禁超范围工作，施工人员严禁动用与工作无关的设备。核相工作完毕后要认真检查现场，恢复开关柜和现场状态。

（10）电缆试验，主要面临高空坠落、机械伤害、触电风险。作业前，通知监理旁站。进入施工现场应正确佩戴安全帽，正确使用安全防护用具。在2m以上高处作业时，应系好安全带，使用有防滑的梯子，并设专人监护。调试过程试验电源应从试验电源屏或检修电源箱取得，严禁使用破损不安全的电源线，用电设备与电源点距离超过3m的，必须使用带熔断器和漏电保护器的移动式电源盘，试验设备和电缆外皮应可靠接地，设备通电过程中，试验人员不得中途离开。工作结束后应及时将试验电源断开。电缆耐压前，加压端应做好安全措施，防止人员误入试验场所。另一端应设置围栏并挂上警告标示牌。如另一端是上杆的或是锯断电缆处，应派人看守。电缆试验前，应先对设备充分放电。严格按照《电气装置安装工程电气设备交接试验标准》（GB 50150—2006）、《配电电缆线路试验规程》（Q/GDW 11838—2018）、《高压电缆线路试验规程》（Q/GDW 11316—2018）进行试验，不得缺项。

（11）安装电缆支架，可能面临机械伤害、触电风险。施工中，应定期检查电源线路和设备的电器部件，确保用电安全。支架安装应保持横平竖直，电力电缆支架弯曲半径应满足线径较大电缆的转弯半径。各支架的同层横档高低偏差不应大于5mm，左右偏差不得大于10mm。组装后的钢结构电缆竖井，其垂直偏差不应大于其长度的2/1000。直线段钢制支架大于30m时，应有伸缩缝，跨越建筑物伸缩缝处应设伸缩。电缆支架全长都应有良好的接地。电缆支架规格、尺寸、跨距、各层间距离及距顶板、沟底最小净距应遵循设计及规范要求。安装支架的电缆沟土建项目验收合格。金属电缆支架须进行防腐处理。位于湿热、盐雾及有化学腐蚀地区时，应根据设计做特殊的防腐处理。电缆支架安装前应进行放样定位。电缆支架应安装牢固，横平竖直；托架支吊架的固定方式应按设计要求进行。电缆支架应牢固安装在电缆沟墙壁上。金属电缆支架全长按设计要求进行接地焊接，应保证接地良好。所有支架焊接牢靠，焊接处防腐符合规范要求。

第二节 有限空间准入管理

一、电力电缆有限空间作业审批与许可

进入深坑、隧道、电缆夹层内等有限空间作业,应进行作业审批。作业审批时,应严格审查作业内容、作业时间、可能存在的危险因素、作业相关人员、安全防护措施、有限空间作业监护人等内容。进出有限空间作业申请单按照表4-4执行。

表4-4　　　　　　　　进出有限空间作业申请单

(正面)字第　　　号

有限空间名称及作业范围: 作业内容: 总包单位: 作业单位:　　　　　　　作业人员:　　　　共　　人 申请人及联系电话:日期:　　年 月 日 作业负责人及联系电话: 监护人: 作业起止时间:　　年 月 日 时 分至　　年 月 日 时 分
具备有限空间作业要求的通风、气体测试、防护等条件,所有作业人员已接受过有限空间作业安全培训,并经考试合格,监护人具有特种作业操作证,能够确保现场作业安全。 作业负责人确认签名:
审批意见: 批准人:　　　批准时间:　　年 月 日 时 分(以上由申请作业单位填写)
经审查确认,承包(受托)作业单位具备有限空间作业安全生产条件。 发包(委托)方或工程组织单位(部门)签字:(盖章) 　　　　　　　　　　　　　　　　　　日期:　　年 月 日 　　　　　　　　　　　　　　　　　　(承发包或委托时填写此项)
有限空间设施运维管理单位: 经核查确认,作业单位具备有限空间作业安全生产条件。 核查人:　　　日期:　　年 月 日 经现场检查,施工单位现场具备测试仪、通风设备及个人防护用品等安全器具,监护人具有特种作业操作证,可以开始作业。 　　　　　　许可人:　　　许可时间:　　年 月 日 时 分
备注:

（背面）

			氧含量	易燃易爆物质浓度	有毒有害气体浓度			环境级别	检测人员	
评估检测	作业前检测数据	检测项目	氧含量	易燃易爆物质浓度	有毒有害气体浓度			环境级别	检测人员	
									检测时间	
		检测结果							检测位置	
	作业前检测数据	检测项目	氧含量	易燃易爆物质浓度	有毒有害气体浓度			环境级别	检测人员	
									检测时间	
		检测结果							检测位置	
	作业前检测数据	检测项目	氧含量	易燃易爆物质浓度	有毒有害气体浓度			环境级别	检测人员	
									检测时间	
		检测结果							检测位置	
	作业前检测数据	检测项目	氧含量	易燃易爆物质浓度	有毒有害气体浓度			环境级别	检测人员	
									检测时间	
		检测结果							检测位置	
准入检测	进入前检测数据	检测项目	氧含量	易燃易爆物质浓度	有毒有害气体浓度			环境级别	检测人员	
									检测时间	
		检测结果							检测位置	
	进入前检测数据	检测项目	氧含量	易燃易爆物质浓度	有毒有害气体浓度			环境级别	检测人员	
									检测时间	
		检测结果							检测位置	
	进入前检测数据	检测项目	氧含量	易燃易爆物质浓度	有毒有害气体浓度			环境级别	检测人员	
									检测时间	
		检测结果							检测位置	
	进入前检测数据	检测项目	氧含量	易燃易爆物质浓度	有毒有害气体浓度			环境级别	检测人员	
									检测时间	
		检测结果							检测位置	
监护检测	作业时检测数据	检测项目	氧含量	易燃易爆物质浓度	有毒有害气体浓度			环境级别	检测人员	
									检测时间	
		检测结果							检测位置	
	作业时检测数据	检测项目	氧含量	易燃易爆物质浓度	有毒有害气体浓度			环境级别	检测人员	
									检测时间	
		检测结果							检测位置	
	作业时检测数据	检测项目	氧含量	易燃易爆物质浓度	有毒有害气体浓度			环境级别	检测人员	
									检测时间	
		检测结果							检测位置	

申请单所列人员职责如下：

（1）申请人职责：负责填写申请单履行内部审批手续，并将工作计划报有限空间设施运维管理单位。申请人由作业负责人担任或由有限空间作业单位的管理人员担任。

（2）批准人职责：负责审核进入有限空间工作的必要性和施工单位班组有限空间作业安全培训情况，气体测试仪、通风设备情况填写是否齐全，监护人是否具有特种作业操作证。批准人应由有限空间作业单位的管理人员担任或由有限空间施工单位项目负责人担任。

（3）核查人职责：申请单批准后，由有限空间设施运维管理单位核查人确认作业单位是否具备有限空间作业安全生产条件。核查人可由有限空间设施运维管理单位专责人及以上人员担任。

（4）许可人职责：申请单核查后，由有限空间设施运维管理单位许可人负责配合。现场检查施工单位是否具备测试仪、通风设备及个人防护用品，监护人是否具有特种作业操作证。许可人可由有限空间设施运维管理单位专责人及以上人员担任。

（5）作业负责人职责：应了解整个作业过程中存在的危险、危害因素，确认作业环境、作业程序、防护设施、作业人员符合要求后，授权批准作业。应在作业前对实施作业的全体人员进行安全交底，告知作业内容、作业方案、主要危险有害因素、作业安全要求及应急处置方案等内容，并履行签字确认手续，及时掌握作业过程中可能发生的条件变化，当有限空间作业条件不符合安全要求时，终止作业。

（6）作业者职责：应接受有限空间作业安全生产培训；遵守有限空间作业安全操作规程，正确使用有限空间作业安全设施与个人防护用品；应接受作业负责人在作业前的安全交底、危险点告知等内容，并履行签字确认手续；应与监护者进行有效的操作作业、报警、撤离等信息沟通。

（7）监护者职责：应接受有限空间作业安全生产培训，并取得特种作业操作证；应接受作业负责人在作业前的安全交底、危险点告知等内容，并履行签字确认手续；全过程掌握作业者在作业期间的情况，保证在有限空间外持续监护，能够与作业者进行有效的操作作业、报警、撤离等信息沟通；在紧急情况时，向作业者发出撤离警告，必要时立即呼叫应急救援服务，并在有限空间外实施紧急救援工作；防止未经授权的人员进入有限空间。

每次进入有限空间作业前，均应进行评估检测；每次进入有限空间作业时，均应进行准入检测；作业施工需要多名现场作业负责人和监护人时，应全部填入申请单内。

在完成有限空间作业申请后，按照"谁作业、谁负责"的原则，凡进入有限空间进行安装、检修、巡视、检查等工作的作业单位，应提前开展作业风险辨识、分析及评估等工作，制定风险防控措施，并按要求做好相关施工作业方案的编审批，确保经专项安全培训的人员和安全设备设施配置到位，满足作业安全需要。

建设中的有限空间，应由项目建设管理单位负责管理。

有限空间新建段与运用段对接时，作业单位应同时向运用段运维管理单位办理相关审批许可手续。

对于紧急缺陷处置、应急抢修等临时性有限空间作业，作业单位可向有限空间运维管理单位履行电话审批、许可手续，并规范填写使用事故抢修单。

二、电力电缆有限空间现场准入程序

（1）作业场地的安全防护及安全警示作业前，应封闭作业区域，作业区域应采取防护措施，设置安全警示标志，并在出入口周边显著位置设置安全标志和警示标识。安全标志和警示标识应符合《安全色》（GB 2893—2008）、《安全标志及其使用导则》（GB 2894—2008）、《工作场所职业病危害警示标识》（GBZ 158—2020）中的有关规定。

夜间实施作业，应在作业区域前方及周边明显处位置设置警示灯，地面作业者应穿戴高可视警示服。高可视警示服至少满足《防护服装　职业用高可视性警示服》（GB 20653—2020）规定的 1 级要求，使用的反光材料应符合 GB 20653—2020 规定的 3 级要求。

占用道路进行地下有限空间作业，应符合道路交通管理部门关于道路作业的相关规定。设备安全检查作业前，应对安全防护设备、个体防护装备、应急救援设备、作业设备和工具进行安全检查，发现问题应立即更换。设备的安全检查必须做好检查记录。

（2）开始电力电缆有限空间工作前，工作负责人应对安全防护设备、个体防护用品、应急救援装备、作业设备和用具的齐备性和安全性进行检查，发现问题应立即修护或更换。

（3）开启地下有限空间出入口前，应使用气体检测设备检测地下有限空间内是否存在可燃性气体、蒸气，存在爆炸危险的，开启时应采取相应的防爆措施。作业者应站在地下有限空间外上风侧开启出入口，进行自然通风，然后使用气体检测设备检测地下有限空间内气体。

（4）出入电缆隧道、电缆（通信）管井作业时，应在井口装设安全爬梯或使用梯子，作业人员应佩戴安全帽及携带正压隔绝式（逃生）呼吸器等防护用品。当评估检测和准入检测均达不到三级环境时，作业人员应佩戴全身式安全带、安全绳，安全绳应固定在可靠的挂点上，连接牢固。严禁随意蹬踩电缆或电缆托架、托板等附属设备。

（5）开闭井盖时，应使用专用工具，严禁直接用手开闭。井盖打开后应在迎车方向顺行放置平稳，井盖上严禁站人。开启压力井盖应采取相应的防爆措施。安全隔离应采取关闭阀门、加装盲板、封堵、导流等隔离措施，阻断有毒有害气体、蒸气、水、尘埃或泥沙等威胁作业安全的物质涌入地下有限空间的通路。

（6）进行气体检测与通风时，应严格履行"先通风、后检测、再作业"的原则，检测前，应对涉水地下有限空间作业进行自然通风，且通风时间不应小于30min。检测人员在地下有限空间外按照氧气、可燃性气体、有毒有害气体等的顺序，对地下有限空间内气体进行检测。其中，有毒有害气体应至少检测硫化氢、一氧化碳。管井作业选用带送风管道的通风设备。隧道作业选用带送、抽两用带管道的通风设备和与井口相适应的送、抽风设备。宜选用Ⅱ类（外壳绝缘）设备，电源线使用橡套电缆线。选用通风设备时，应根据有限空间体积而定，并确保能够提供有限空间所需新鲜空气的气流量。作业区横断面平均风速不小于0.8m/s或通风换气次数不小于20次/h。电力隧道内风速不宜超过5m/s。使用前，应检查呼吸防护用品的完整性、过滤元件的适用性、气瓶的储气量，提供动力的电源电量等，消除不符合有关规定的现象后才能使用。

1）按规定采用机械通风时：通风设备应放稳，并采取防跌落井内的措施。电缆隧道采用机械通风时，通风机设置方式应能确保工作地段空气流通良好。电缆（通信）管井使用管道通风机，应将通风管道出风口伸延至有限空间底部，让新鲜空气可以到达有限空间的最远端，有效去除大于空气比重的有害气体。送风设备吸风口应置于洁净空气中，出风口应设置在作业区，不应直接对着作业者。向地下有限空间内输送清洁空气，不得使用纯氧进行通风。燃油发电机放置在有限空间外下风侧，外壳可靠接地，装有漏电保护器。

2）按规定采用自然通风时：作业前，应开启地下有限空间的门、窗、通风口、出入口、人孔、盖板、作业区，以及上、下游井盖等进行自然通风，时间不应低于30min。检查有限空间的百叶门窗、通风口、电力通道路径上方通气亭等畅通，无杂物影响自然通风。作业中，不应封闭地下有限空间的门、窗、通风口、出入口、人孔、盖板、作业区及上、下游井盖等，并做好安全警示及周边拦护。

进入有害环境前，应先佩戴好呼吸防护用品，供气时，应先通气，后戴面罩，防止窒息。在有害环境中，应始终佩戴呼吸防护用品。呼吸防护用品使用后应及时处理，将呼吸器恢复到工作准备状态：使用过的净化罐必须更换吸收剂；对面具、呼吸软管、头戴面罩等应根据使用说明做清洗和消毒；清洗外壳时必须严防水进入减压器，清洗各部件时严防碰撞损坏造成气密不良；发现呼吸防护用品部件破损、丢失或老化现象应及时更换。

（7）进入有限空间作业时，应做好防止中毒、高处坠落的个体防护措施。作业人员应正确佩戴和使用符合要求的安全防护设备与个体防护装备，主要有安全帽、安全带、安全绳、呼吸防护用品、便携式气体检测报警仪、照明灯和对讲机等，出入电缆隧道、电缆（通信）管井作业时，应使用硬质梯子，严禁随意蹬踩电（光）缆或电（光）缆支架、托架、托板、附件等设备。电缆隧道、管井外可架设三脚架，在不适宜架设三脚架的井口，应设置安全爬梯。作业人员与监护人应确定有效沟通方式，测试通信工具信号良好。作业人员按规定穿戴全身式安全带，D型环与安全绳相连，安全绳有牢固挂点（如三脚架金属挂点）。作业人员按规定携带气体检测仪，携带位置应在呼吸带高度内，采样器未被遮挡。作业人员按规定携带正压隔绝式（逃生）呼吸器。

第三节　电力电缆有限空间发包作业管理

有限空间内的业务外包安全工作按照"谁发包、谁负责"的原则，建立承发包方各负其责、业务部门管理、安监部门监督的综合管理机制。

将有限空间作业发包的承包方应具备相应的安全生产条件，即应满足有限空间作业安全所需的安全生产责任制、安全生产规章制度、安全操作规程、安全防护设备、应急救援装备、人员资质和应急处置能力等方面的要求。发包方对发包作业安全承担主体责任。发包方应与承包方签订安全生产管理协议，明确双方的安全管理职责，或在合同中明确约定各自的安全生产管理职责。

承包单位对其承包的有限空间作业安全承担直接责任，应严格按照有限空间作业安全要求开展作业。

一、涉及有限空间作业工作的发包要求

发包方应严格执行公司工程承发包、业务外包、业务委托安全管理规定，审查承包（受托）方是否具备以下安全生产条件，如不符合条件，不得发包。

（1）有限空间作业安全设备设施。应具有硫化氢、一氧化碳等有毒有害气体，以及氧气、可燃气体检测分析仪。机械通风设备；正压式空气呼吸器或长管面具等隔离式呼吸保护器具；应急通信工具；安全绳、安全带、三脚架、安全梯等；安全护栏及警示标志牌；有限空间存在可燃性气体和爆炸性粉尘时，检测、照明、通信设备应符合防爆要求。

（2）有限空间作业安全管理制度。应有有限空间作业安全生产责任制；有限空间作业安全操作规程；有限空间作业审批制度；有限空间作业安全教育培训制度；有限空间生产安全事故应急救援预案。

（3）有限空间现场监护人员应具有特种作业资格操作证书。涉及有限空间作业承发包的，建设管理单位应对承包方的作业方案和实施的作业进行审批，并对承包方的安全生产工作统一协调、管理，定期进行安全检查，发现安全问题的，应当及时督促整改。

采取劳务外包或劳务分包的项目，所需施工作业安全方案、工作票（作业

票）、机具设备及工器具等应由发包方负责，并纳入本单位班组统一进行作业的组织、指挥、监护和管理。劳务人员不得独立承担危险性大、专业性强的施工作业，必须在发包方有经验人员的带领和监护下进行。

承包（受托）方填写的申请单应有发包（委托）方或工程组织单位（部门）管理人员签署的意见，签署意见前应核查承包（受托）单位的安全生产条件后，方可签字盖章。申请单一式三份，一份交有限空间设施运维管理单位，另外两份由承、发包双方各留存一份。承包方进入新建有限空间作业前，也必须填写申请单，履行内部审批和许可手续。

二、发包单位职责

负责执行公司业务外包安全管理有关规章制度，开展外包项目安全管理，组织落实安全资信报备、安全评估、作业人员安全准入、承揽项目登记、进场前登记核查、实施过程作业风险管控、"黑名单"和"负面清单"管理等要求。

发包方应对承包单位项目负责人、项目专（兼）职安全生产管理人员等进行全面的安全技术交底，共同勘查现场，填写勘查记录，指出危险源和存在的安全风险，明确安全防护措施，提供安全作业相关资料信息，并应有完整的记录或资料。

发包方应该严格审查承包方的安全资质和作业条件，严格控制承包方的承包范围，严禁承包方再行转包。同时，应该对符合承包作业条件的相关方办理相关安全资质备案手续，签订项目施工作业合同，并签订包括有限空间作业在内的安全管理协议，明确双方的责任。发包方还应该审查承包方的有限空间作业安全方案，并对其方案的安全可行性和有效性进行确认，对安全措施的落实进行作业过程的监督管理。作业前，发包方应该对承包方作业人员履行安全教育和现场安全技术交底，并履行安全管理和现场协调的职能。同时，应该协助承包方办理有限空间作业许可手续，督促承包方及其作业人员严格遵守有限空间作业安全管理制度及安全操作规程，认真执行有限空间"先通风、后检测、再作业"的制度。

发包方还应该检查承包方在有限空间作业现场的安全工具和防护装备的配备和使用，对承包方人员的作业行为和安全措施的执行进行现场检查，及时发现和纠正作业的违规行为。作业完毕后，发包方应该督促承包方做好现场作业人员的清点及安全撤离。如果发生有限空间事故，发包方应该督促承包方及时上报，并协助做好现场应急救援及善后事宜。

有限空间作业的建设单位，应在施工前向地下管线档案管理机构、地下管线权属单位取得施工现场区域内涉及地下管线的详细资料，并移交施工单位，办理移交手续。同时，应设专人对直接发包的有限空间作业施工单位进行协调和管理。

三、承包方职责

负责承揽项目安全管理；负责执行公司业务外包安全管理有关规章制度，报备安全资信、登记承揽项目信息，加强承揽项目实施过程中作业风险管控；配合发包方开展安全评估、作业人员安全准入、入场核查验证、过程监督检查、"黑名单"和"负面清单"管理等工作。

承包方应该承揽符合安全资质和作业范围的有限空间作业项目，并自觉接受发包方（含项目所在区域的生产单位）的安全管理。承包方还应该建立包括项目负责人、安全监护人、作业人员在内的安全管理网络体系，制定包含有安全职责的安全管理制度、有限空间作业规程及事故应急救援预案，并经过发包方审查合格后执行。应提供符合标准的劳动防护用品及安全防护用具，并配备应急设备或救生设施。应对作业人员进行安全教育培训，在进入承包作业区域前，必须对所有作业人员进行安全教育培训，使其了解存在的危险因素、安全防范措施和应急处置和紧急避险的技能知识。

施工现场总承包方委托专业分包单位进行有限空间作业时，应严格分包管理，签订安全生产管理协议，并不得将工程发包给不具备相应资质和不具备安全生产条件的单位。存在多个分包单位时，总承包单位应进行统一协调和管理。不服从总承包方安全管理导致事故发生时，分包方承担主要责任。

在开工前，需要对作业设备、安全器具、人员状态及现场安全状况进行检查和确认，并及时办理有限空间作业许可手续。在作业中，需要严格执行发包方及所在区域生产单位制定的安全管理制度及作业安全规程，认真执行现场监护及作业安全确认，严格落实有限空间作业"先通风、后检测、再作业"的制度。同时，需要主动接受发包方及所在区域生产单位人员的现场管理和监督检查，对发现的违规行为和隐患，要及时纠正和处理。如果作业中发生异常情况或出现事故的，应立即停止作业，组织人员撤离，并在确保人员自身安全的情况下，参与事故抢险和应急救援。

四、运维单位职责

贯彻执行国家和上级单位有关规定及工作部署，建立健全本单位有限空间作业安全管理规章制度并监督执行。对相关方报送的作业安全措施进行符合性检查。同时，需要为相关方提供符合安全作业的工作环境，并为相关方的有限空间作业提供便利条件。

保证有限空间设施运维工作的安全投入，配备符合国家标准要求的通风设备、检测设备、照明设备、通信设备、应急救援设备和个人防护用品，并明确保管专责人员和其工作职责，建立台账和日常维护记录，按规定进行检验、维护，保证配备的各类设备和个人防护用品良好、可靠。

如果本辖区发生有限空间作业事故，运维单位需要实施事故抢险和现场救护，并提供必要的安全防护、紧急疏散等应急支援和支持。

五、管理流程

为了保证有限空间作业的安全，工程管理部门或各运维单位需要严格审查承包方作业安全条件。具体审查内容包括有限空间作业安全管理制度、作业人员安全教育培训、作业前的检查和确认，以及作业中的安全管理。运维单位需要对进入本生产区域的从事有限空间作业的相关方实施安全管理，为相关方提供符合安全作业的工作环境，并提供必要的安全防护、紧急疏散等应急支援和支持。涉及有限空间作业的发包管理流程如下：

1. 审查承包方有限空间作业管理制度是否完备

有限空间作业管理制度应包括有限空间作业安全生产责任制、有限空间作业安全操作规程、有限空间安全教育制度及相关记录、有限空间作业许可证和有限空间事故应急预案。这些制度的制定和实施，是保障有限空间作业安全的基础。

2. 审查承包方有限空间作业安全防护设施是否齐全

有限空间作业安全防护设施应包括一氧化碳检测仪及氧气含量检测仪、机械通风设备、空气呼吸器、长管呼吸器等应急逃生设备、安全照明灯具、安全带、安全绳索、安全梯、安全支架等公用安全防护器具、灭火器、现场呼叫联系的通信工具、个体防护用品、安全护栏以及现场警示标志。这些设施的配备和使用，可以有效地保障有限空间作业人员的安全。

3. 审查有限空间作业人员是否具备作业条件

有限空间作业人员应身体健康，用工年龄符合国家规定的要求。项目负责人应熟悉作业现场环境、工艺，有及时判断和处理异常情况的能力。现场监护人应有安全防护和应急救援知识，工作负责、反应灵敏，能及时发现异常情况并予以示警信息，紧急通知作业者撤离。作业人员应具有基本的操作技能，并持有国家规定的专业作业资格证。这些条件的满足，可以提高有限空间作业人员的安全意识和技能。

4. 签订协议明确双方安全责任

发包方和承包方签订施工作业合同时，必须同时签订包含有限空间作业管理内容的安全管理协议，明确双方的安全责任。管理协议应包括明确外包方的管理职责分工和双方的安全权利及义务，明确应急救援设备设施的提供方和管理方，明确对突发异常事件的应急救援的程序、措施及职责和义务，明确作业中的其他安全注意事项。签订协议可以确保双方在有限空间作业中的安全责任得到明确的界定。

5. 开展有限空间作业前审批

外包单位必须在进入有限空间作业区域前办理有限空间工作许可审批手续，并附相应的记录资料。双方签字并经许可审批部门签字同意，方可进入现场从事有限空间作业。承包方在单个独立的区域进行有限空间作业的，由发包单位对作业进行直接安全管理。如进入生产现场从事检修、交叉施工等有限空间作业项目的，承包方还须接受所在区域运维单位的安全管理，服从运维单位相关人员对其进行的入场安全培训、安全告知、现场管理和违规处罚。无论在独立区域还是生产区域，发包方均应对承包方进行全面安全管理。在生产区域作业的，由运维单位对发包方和承包方实施统一协调和管理。做好有限空间作业中的安全交底，防止因安全交底不清而引发事故。

6. 强化有限空间作业现场管控

有限空间作业现场管控包括作业前的准备工作、作业时的安全防护措施、作业后的清理工作和事故应急处理。在作业前，应制订详细的作业方案和安全措施，并进行安全交底和演练。在作业时，应严格按照作业方案和安全措施操作，确保有限空间作业人员的安全。在作业后，应及时清理现场和设备，做好记录和报告。在事故应急处理方面，应制订应急预案和应急演练，提高应急处置的能力和效率。有限空间作业程序及安全要求的制定和执行，是保障有限空间作业安全的重要措施。

承包方进入有限空间作业时，需要按照作业审批、作业前的准备、作业的组织和实施、撤离、总结评价等流程，做好各阶段的安全工作。

作业许可证的审批是进入有限空间作业点作业的必要程序。承包方必须严格执行审批程序，经审批单位签字同意后方可进入作业。同时，承包方进入有限空间作业点时，必须制定可靠的安全防护措施，并经发包方管理人员或运维单位相关人员对安全措施的执行确认，方可进入作业。进入有限空间作业时，承包方需办理许可手续，经发包方或运维单位审查后，报公司安全部门审批。在独立区域进行有限空间作业的，由发包方对其许可手续进行审核签批，并对作业安全实施管理。进入生产场所区域的有限空间作业的，由所在区域生产厂的厂级管理部门对其许可手续进行审批，并对作业过程进行过程控制管理。许可审批单位在作业审批时应对作业项目负责人及监护人、现场联系人等进行明确，并对其作业安全管理提出具体的要求。

作业前的准备工作非常重要，承包方项目负责人应该听取发包方项目管理负责人员对作业内容及危险因素和防范重点的告知，并到现场对作业环境及相关设备设施、作业条件进行熟悉和了解。对作业成员进行分工，并对安全提出具体要求。编制作业安全方案，填报有限空间作业许可证，并按规定程序履行申报。对作业用的设备、工器具、安全防护装备及应急救护设施进行准备。

在作业的组织和实施阶段，承包方作业人员到达现场后，应接受现场安全培训或安全告知教育，对作业存在的危险因素进行识别，对安全工器具进行检查。在作业区域设置警戒线和警示标识，如夜间作业，还需设置警示灯光。按规定穿戴劳动防护用品，使用安全工具和必要的防护器具。对作业场所的安全条件进行确认，对连接有毒有害物质的设备设施的隔离措施进行检查，并对现场通风进行确认。由专业人员对作业现场氧含量和有毒有害气体浓度进行检测，检测合格后方可组织人员进入。未经检测或检测不合格，人员不得进入。在进行动火作业时，必须注意一氧化碳浓度不超过 12.5%，氧含量为 19.5%～23%，硫化氢浓度不超过 10ppm。如果浓度超过安全值范围，作业人员必须佩戴正压式空气呼吸器，并增加现场机械通风设施，加大通风量和换气次数。

在作业过程中，如果作业环境发生变化或工作时间超过 2h，必须重新检测作业场所（每 2h 定时检测），并根据检测结果确定作业方案和防控措施的执行或补充。同时，作业环境要保持连续通风，确保空气流通，在作业过程中禁止使用氧气进行通风换气，负责人和现场监护人必须密切观察作业状况，并与作业人员保持通畅的联系，定时呼叫，对作业现场安全进行确认。一旦发现异常，现场负责人应立即组织人员紧急撤离。

作业完毕后，现场负责人应清点人数和设备，并组织人员撤离和撤除设备、设施，恢复作业现场原状。最后，要对整个作业过程进行总结评价，以便在下次作业中更好地做出防范措施。

第四节　电力电缆有限空间作业培训与资质认定

一、电力电缆有限空间作业培训制度

安全生产教育培训是安全管理的一项最基本的工作，也是确保安全生产的前提条件。通过安全教育培训，可提高从业人员的安全防护技能，强化从业人员的安全防范意识，有效预防事故的发生。

电力电缆通道及本体的建设、检修、运维单位应定期开展有限空间作业培训。培训对象涉及电缆有限空间作业的授权审批人员、现场负责人、监护人员、作业人员、应急救援人员。

针对电力电缆有限空间作业组织专项培训，每年第一次组织开展有限空间作业或有关人员每年第一次开展有限空间作业前，必须对有限空间作业负责人、监护人员、作业人员和应急救援人员进行一次专项安全培训，如实地记录培训情况；未经培训考核合格的员工不得上岗作业。培训内容主要包括本单位有限空间危险有害因素和安全防范措施、作业审批和现场安全要求、检测仪器和劳动防护用品的正确使用、应急处置措施，以及本行业的典型事故案例。

强化日常教育。有关单位要严格落实开工"第一课"和安全生产"晨会"等制度，提高作业人员安全防范意识和能力。要加强有限空间作业典型事故案例警示教育，把别人的事故当成自己的事故，让广大职工群众真正受到警醒，深刻吸取教训，自觉引以为戒。

强化劳务派遣和灵活用工人员管理。有关单位安排劳务派遣人员和灵活用工人员从事有限空间作业的，组织开展安全生产培训，未经教育培训合格的作业人员一律不得上岗作业。

培训内容应聚焦电力电缆有限空间作业的基础理论、风险辨识、安全措施、应急方案、救援方法等。应包括但不局限于下列内容。

（1）有限空间的基本知识，有限空间作业的定义。

（2）有限空间作业的危险特性：作业环境情况复杂；危险性大，发生事故后果严重；容易因盲目施救造成伤亡面扩大。

（3）有限空间作业安全相关法律法规：《中华人民共和国安全生产法》《工贸企业有限空间作业安全规定》等内容。

（4）电力电缆有限空间作业安全管理要求，电力电缆有限空间作业危险有害因素和安全防范措施。

（5）电力电缆安全防护设备、个体防护装备及应急救援设备设施、检测仪器、劳动防护用品的正确使用，以及紧急情况下的应急处置措施（人员紧急撤离方案、救援三脚架的搭设布置、心肺复苏法等）。

（6）有限空间作业安全管理：企业要对有限空间进行辨识，确定其数量、位置、危险有害因素等基本情况，建立有限空间管理台账并及时更新。六项安全生产制度和规程：有限空间作业安全责任制度；有限空间作业审批制度；有限空间作业现场安全管理制度；有限空间作业应急管理制度；有限空间作业相关人员安全培训教育制度；有限空间作业安全操作规程。

严禁随意蹬踩电缆或电缆托架、槽盒等附属设施。作业过程中，不动无关设备，不抛扔工具。

（7）应急预案的编制：进行有限空间作业必须制定应急措施，现场配备应急装备，严禁盲目施救。应根据企业有限空间作业的特点，制订应急预案，并配备相应的呼吸器、防毒面罩、照明设备、通信设备、安全绳索等应急装备和器材。有限空间作业的现场负责人、监护人员、作业人员和应急救援人员应当掌握相关应急预案内容，定期进行演练，提高应急处置能力。

（8）作业前辨识：是否存在可燃气体、液体或可燃固体的粉尘，而造成火灾爆炸；是否存在有毒有害气体，而造成人员中毒；是否存在缺氧，而造成人员窒息；是否存在液体水平位置的升高，而造成人员淹溺；是否存在固体坍塌，而引起人员的掩埋或窒息；是否存在触电、机械伤害等危险。进入有限空间作业前，必须先采取通风措施，保持空气流通，严禁用纯氧进行通风换气；采用自然通风或机械强制通风；在确定有限空间范围后，应首先打开有限空间的门、窗、通风口、出入口、人孔、盖板等进行自然通风。对于处在低洼处或密闭环境的有限空间，仅靠自然通风很难置换掉有毒有害气体，则必须进行强制通风以迅速排除有限空间范围内的有毒有害气体；在使用风机强制通风时，必须确认有限空间是否处于易燃易爆环境中，若检测结果显示处于易燃易爆环境中，必须使用防爆型排风机，防止发生火灾爆炸事故；通风时，通风量应足够，保证能置换并稀释作业过程中释放出来的有害物质，必须能满足人员安全呼吸的要求。

对有限空间通风时不易置换的死角，应采取有效措施。如对只有一个出入口的有限空间，直接将风机放在洞口往里吹，效果不好，可以接一段通风软管，放在有限空间的底部进行通风换气。对于有两个或两个以上出入口的有限空间进行通风换气时，气流很容易在出入口之间循环，形成一些空气不流通的死角，此时应该设置挡板或改变吹风方向，使空气充分得到置换。对于不同密度的气体应采取不同的通风方式。有毒有害气体密度比空气大的（如硫化氢、苯、甲苯、二甲苯），通风时应该选择有限空间的中下部进行；有毒有害气体密度比空气小的（如甲烷、一氧化碳），通风时应该选择中上部。进入有限空间作业前（不得超过 30min），必须根据实际情况先检测氧气、有害气体、可燃性气体、粉尘的浓度，浓度符合安全要求后方可进入。未经检测，严禁作业人员进入有限空间；氧气含量应在 19.5% ～ 23.5%, 有毒有害气体、可燃性气体、粉尘浓度必须符合国家标准的要求，方可作业；检测时，要做好记录，包括检测时间、地点、气体种类、气体浓度等；检测人员应在危险环境以外进行检测，可通过采样泵和导管将危险气体样品引入检测仪器；初次进入危险环境进行检测时，须配备隔离式呼吸防护设备；在作业环境可能发生变化时，应进行持续或定时检测。

（9）作业中的安全措施：所有人员应遵守有限空间作业的职责和安全操作规程，正确使用有限空间作业安全装备和个人防护用品；作业过程中，应加强通风换气，在氧气、有害气体、可燃气体的浓度可能发生变化时，应保持必要的检测次数或连续检测，并做好记录；作业时所使用的一切电气设备，必须符合有关用电安全技术规程的要求；照明和手持电动工具应使用安全电压；作业难度大、劳动强度大、作业时间长的有限空间作业，应采取人员轮换作业；当作业人员意识到身体出现异常状况时，应立即向监护人员报告或自行撤离，不得强行作业；作业现场必须设置专门的监护人员，配备应急装备；企业应在有限空间进入点附近设置醒目的安全警示标志和危险告知牌。有限空间作业期间，发生下列情况之一时，作业人员应立即撤离有限空间：①作业人员出现身体不适；②安全防护设备或个体防护装备失效；③气体检测报警仪报警；④监护人员或作业负责人下达撤离命令。

（10）事故应急救援：有限空间发生事故时，监护人员及现场作业人员应立即报警，必须在具备救援能力的情况下，才能进入有限空间实施救援，一定要科学救援，严禁盲目施救导致事故扩大。现场作业人员、监护人员等都要熟悉应急预案的内容，能熟练使用应急救援装备。应在危害辨识、风险评价的基础上，制订严密的、有针对性的专项应急救援预案。应加强应急预案的演练，提高作业人员自救、互救及应急处置的能力。应急救援设备设施配置种类及数量：每名救援人员应配置正压式空气呼吸器、全身式安全带、安全绳、安全帽各一套；有限空间救援垂直上下出入口应配置一套三脚架（含绞盘）；至少配置一台强制送风设备、一台泵吸式气体检测报警仪、一套围挡设施；配置照明和通信设备。

发生地下有限空间作业事故后，作业班组配置的防护设备设施符合应急救援设备设施配置要求时，可作为应急救援设备设施使用。各单位应开展有限空间安全事件的信息报送、协调处置、应急救援、社会联动、舆情应对等应急响应工作。

二、电力电缆有限空间作业资质认定

电力电缆有限空间作业人员的资质认定，除满足有限空间的相关要求外，还应该对相关安全生产法律法规、电力电缆的基础知识、电缆敷设、附件安装、电动工器具的使用，相关仪器仪表的使用等，有充分的了解和掌握。从事电力电缆有限空间作业的人员，一般应具备特种作业操作证。特种作业操作证由中华人民共和国应急管理部颁发。特种作业是指针对容易发生事故，对操作者本人、他人的安全健康及设备、设施的安全可能造成重大危害的作业。特种作业的范围由特种作业目录规定。特种作业人员必须经专门的安全技术培训并考核合格，取得中华人民共和国特种作业操作证（简称特种作业操作证）后，方可上岗作业。

特种作业人员应当接受与其所从事的特种作业相应的安全技术理论培训和实际操作培训。特种作业人员的安全技术培训、考核、发证、复审工作实行统一监管、分级实施、教考分离的原则。中华人民共和国应急管理部指导、监督全国特种作业人员的安全技术培训、考核、发证、复审工作；省、自治区、直辖市人民政府安全生产监督管理部门负责本行政区域特种作业人员的安全技术培训、考核、发证、复审工作。特种作业操作证有效期为6年，每3年复审一次，满6年需要重新考核换证。特种作业人员在特种作业操作证有效期内，连续从事本工种10年以上，严格遵守有关安全生产法律法规的，经原考核发证机关或者从业所在地考核发证机关同意，特种作业操作证的复审时间可以延长至每6年1次。跨省、自治区、直辖市从业的特种作业人员应当接受从业所在地考核发证机关的监督管理。

电力电缆有限空间内的作业，在特种作业证操作证的取得上，主要涉及的作业类别为电工作业，操作项目为电力电缆作业，包含对电力电缆进行安装、检修、试验、运行、维护等作业。

在 2020 年 8 月 25 日，应急管理部安全基础司发布关于征求《特种作业目录（征求意见稿）》意见的函中，包含了有限空间监护作业的特种作业目录类别。适用于储藏室、酒糟池、发酵池、垃圾站、温室、冷库、粮仓、料仓等地上有限空间，污水池（井）、沼气池、化粪池、下水道、电力电缆井、燃气井、热力井、自来水井、有线电视及通信井等地下有限空间，贮罐、车载槽罐、反应塔（釜）等密闭设备现场监护作业。

对于电力电缆有限空间作业单位和承包企业的资质认定，除满足基本的工作条件外，在从事有限空间作业过程中，还应针对电力电缆有限空间作业的典型危险点和作业特点，实施有针对性的制度建设和措施完善，满足如下的电缆有限空间相关要求。

（1）有完整的有限空间作业安全生产责任制，明确进入有限空间作业负责人、作业者、监护者职责。

（2）具备中毒窒息事故的专项应急救援预案，并配备相应的救援器材。每年至少进行一次应急救援预案演练，并不断充实和完善应急预案的各项措施；一旦发生事故，作业负责人应立即启动应急救援预案，做好应急救援工作；及时、如实地报告生产安全事故。

（3）能够按时对有限空间作业负责人员、作业者和监护者开展安全教育和培训合格，每年至少组织 1 次有限空间作业安全再培训和考核，并建立培训档案。培训内容包括：有限空间存在的危险特性和安全作业的要求；进入有限空间的程序；检测仪器、个人防护用品等设备的正确使用；事故应急救援措施与应急救援预案等。

第五章

电力电缆有限空间作业安全要求

第一节 一 般 要 求

针对电力电缆有限空间作业的危险特性，以降低事故发生频率及防止事故伤亡扩大为宗旨，应遵守以下安全基本要求：

一、作业前

（1）作业前，应提前安排作业计划，办理工作票、有限空间作业审批单等作业审批手续。

（2）对有限空间作业应做到"先通风、再检测、后作业"的原则。在作业环境条件可能发生变化时，应对作业场所中危害因素进行持续检测；作业人员工作面发生变化时，视为进入新的有限空间，应重新检测后再进入。

（3）实施检测时，检测人员应处于安全环境，检测时要做好检测记录，包括检测时间、地点、气体种类和检测浓度等，为后续作业提供数据支撑。

（4）对有限空间作业应确认无许可和许可性识别。

（5）先检测并确认有限空间内有害物质浓度，未经许可的人员不得进入有限空间。

（6）分析完成后，由工作负责人确认气体含量合格，向全体工作班成员进行安全风险点交底，并履行签字确认手续后，再下令工作班组开始作业。

（7）作业前30min，应再次对有限空间有害物质浓度采样，分析合格后方可进入有限空间。

（8）应选用合格、有效的气体和测爆仪等检测设备。

（9）检测人员应装备准确可靠的分析仪器，按照规定的检测程序，针对作业危害因素制订检测方案和检测应急措施。

（10）建立健全通信系统，保证作业人员能与监护人进行有效的安全、报警、撤离等双向信息交流。

（11）配备齐全的应急救援装备。如全面罩正压式空气呼吸器或长管面具等隔离式呼吸保护器具、应急通信报警器材、安全绳、救生索和安全梯等。

二、作业中

（1）所有有关人员均应遵守有限空间作业的职责和安全操作规程，正确使用有限空间作业安全设施与个人防护用品。

（2）加强通风。利用所有人孔、料孔、自然通风井、机械通风井进行机械强制通风。

（3）机械通风可设置岗位局部排风，辅以全面排风。当操作岗位不固定时，则可采用移动式局部排风或全面排风。

（4）存在可燃性气体的作业场所，所有的电气设备设施及照明应符合《爆炸性环境　第1部分：设备　通用要求》（GB 3836.1—2021）中的有关规定。不允许使用明火照明和非防爆设备。

（5）电力电缆有限空间内的坑、井、洼、沟或人孔、通道出入门口应设置防护栏、盖和警告标志。

（6）当作业人员意识到身体出现异常症状时，应及时向监护者报告或自行撤离有限空间，不得强行作业。

（7）一旦发生事故，应查明原因，立即采取有效的、正确的措施进行急救，并应防止因施救不当造成事故扩大。

三、作业后

（1）清理现场。

（2）事故报告。有限空间发生事故后，应按照有关规定向所在区县政府应急管理部门和相关行业监管部门报告。

（3）此外，在有限空间内作业时，还应该进行作业配合。作业配合是指确保作业活动中的危害不会影响到邻近的从事其他作业人员的安全与健康。例如，某位人员在有限空间内从事焊接过程中产生的烟雾，如果未能在源头进行有效控制，就有可能成为旁边的或邻近作业人员的一个危害因素。

（4）在实际安排作业活动时，应提前进行规划，以避免作业过程中的交叉作业所造成的危害。在工作过程中，对工作区域进行警戒，如树立警戒栏、限制作业时间、确保人员及邻近作业人员之间的随时沟通可能帮助预防一些常见的意外。

第二节　电力电缆有限空间作业规范流程

一、作业资质

（1）工作负责人（监护人）资质：

1）工作负责人（监护人）应具备有限空间作业经验。

2）工作负责人（监护人）应具备风险辨识管控能力。

3）工作负责人（监护人）应熟悉电力及有限空间工作的相关安全规程。

4）工作负责人（监护人）应熟悉工作范围内的设备设施情况。

5）工作负责人（监护人）应熟悉工作班成员的工作能力。

6）工作负责人（监护人）必须通过专题培训并经考试合格。

7）工作负责人（监护人）应经公司相关部门书面批准并备案。

（2）工作班成员资质：

1）参与有限空间作业的人员应身体健康，没有妨碍工作的病症，并能提供当年体检健康证明。

2）参与有限空间作业的人员应了解有限空间作业的基本概念和危险因素。

3）参与有限空间作业的人员应服从现场工作负责人的指挥，严禁违章作业。

4）参与有限空间作业的人员应明确有限空间作业的安全防护措施和应急救援方法。

5）参与有限空间作业的人员应正确、熟练地掌握安全防护设备、个体防护设备及应急救援装备的使用方法。

6）参与有限空间作业的人员必须通过专题培训并经考试合格。

（3）配置施工安全防护设备设施。

作业单位应配备足够的安全防护设备、个体防护设备及应急救援设备设施，建立台账，并满足最低配置需求。表5-1为单个工井作业最低工器具配制需求。

表5-1　　　　　　　　　单个工井作业最低工器具配置需求

序号	项目	数量	单位	要求
1	通风设备	2	套	—
2	气体检测仪	3	个	推荐泵吸式四合一复合型气体检测仪
3	照明设备	2	个	低于24V低压防爆灯
4	救援三脚架	1	套	—
5	速差自控器	2	个	—
6	急救箱	1	个	—
7	安全帽	—	—	1个/人
8	安全带	—	—	1副/人
9	对讲机	3	台	—
10	移动电源	1	台	—
11	梯子	1	个	—
12	正压式呼吸器	2	台	—

1）安全防护设备设施应符合国家标准或行业标准要求。

2）安全防护设备设施应定期进行维护、保养、检定、报废和更换工作。

3）安全防护设备设施技术资料、说明书、维修记录、检测合格证明、计量检定报告应存档保存，易于查阅。表5-2为安全防护设备设施试验、检定及报废周期。

表5-2　　　　　安全防护设备设施试验、检定及报废周期

序号	名称	试验周期	检定周期	报废时间
1	气体检测仪	—	1年	2年
2	速差自控器	1年	—	试验不合格或损坏

序号	名称	试验周期	检定周期	报废时间
3	安全带	1 年	—	试验不合格或损坏（一般不超过 5 年）
4	绝缘梯	1 年	—	试验不合格或损坏
5	正压式呼吸器	—	3 年	试验不合格或损坏
6	安全帽	—	—	塑料帽不超过 2.5 年

二、作业审批

有限空间作业应严格执行作业审批制度，由工作负责人填写有限空间作业票及有限空间作业审批单，明确工作班成员、工作时间、工作区段、工作内容，分析作业现场风险点及管控措施，明确作业监护人员。

在作业前，向有限空间设备、设施运维管理单位报备并经批准，正式开始作业前由运维管理单位许可，方可开展作业。

三、作业准备

（1）制订工作计划，确定工作负责人、监护人和作业人员。

（2）确定作业人员是否具备有限空间安全作业知识和技能，作业人身体状况是否良好。

（3）现场勘查，电缆线路施工作业或必要的检修作业，工作票签发人或工作负责人应组织现场勘查，填写现场勘查记录，并完成勘查记录人等签字手续。

（4）根据勘查结果，进行风险辨识，对有限空间及其周边环境进行调查，分析有限空间内气体种类并进行评估检测，做好记录。检测值作为有限空间环境危险性分级和采取防护措施的依据。

（5）作业前，应填写完成有限空间作业审批表，履行内部审批手续，经当日有限空间设施运维管理单位许可后方可作业。同时，按规定填写有限空间作业票，履行签发许可手续。工作时间内有限空间作业审批表、有限空间作业票由作业负责人收执。未经审批和许可，任何人不得进入有限空间作业。

（6）用具检查。对作业设备、工具及防护器具进行安全检查，主要包括气体检测仪、通风设备、安全带、安全绳、正压隔绝式（逃生）呼吸器、救援三脚架、安全爬梯、防坠器、安全护栏、警示牌等。检查内容包括：有限空间作业安全防护设备、应急救援设备是否齐全、有效，设备外观与作业环境的匹配性，运转是否正常等。发现有安全问题应立即更换，严禁使用不合格设备、工具及防护器具。

（7）作业前，要完成安全交底手续，告知作业内容、作业方案、主要危险有害因素、作业安全要求及应急处置方案等内容，保证作业人员全体知晓，并在工作票或安全施工作业票、危险点分析控制单等履行确认签字。

（8）作业前，用围挡设施封闭作业区域，围挡设施上加设双向警示功能的安全告知牌和信息公示牌，告知作业人安全注意事项，警告周围无关人员远离危险作业区域。在日落后至次日早晨日出间设置红色闪烁灯，并有专人看守，夜间地面作业人员还应穿戴高可视警示服。信息公示牌应如实填写作业信息，公示牌应面朝有限空间区域外，确保社会人员和车辆等可清晰看到。如在公路上施工，应按交通疏导要求设置专用交通警示标志。

四、作业过程

（1）开启井盖。

1）开启管井、电力隧道井盖时，作业人员应站在井口上风侧使用专用工具，同时注意放置位置，应放置在平坦地面上，不影响作业人员作业、以免滑脱后伤人。

2）电缆井、隧道井盖开启后，应装设遮栏，指派专人看守，并装设告示牌和信息公示牌，信息应准确，夜间应设置红色闪烁灯，人员应穿着高可视警示服。

3）作业人员撤离管井、电力隧道后，应立即将井盖盖好，以免行人摔跌入井内。

（2）气体检测。

1）有限空间气体检测应从作业前开始至作业结束，应贯穿作业全过程。作业人员进入前，应进行有限空间内气体准入检测，并做好记录。每次进入有限空间作业时，均应进行准入检测，准入检测气体的时间应在作业人员进入有限空间作业前 30min 内进行。

2）作业人员应在有限空间外洁净环境下将气体检测仪开机自检。气体检测仪自检合格后，作业人员连接采样管及气泵。

3）作业人员应站在有限空间外上风侧进行检测，按照由上至下、由近至远的顺序进行。

4）地下有限空间内存在积水、污物的，应先在地下有限空间外利用工具进行充分搅动，待气体充分释放后再进行检测。

5）进入电缆井、电缆隧道前，作业人员应使用通风设备排除浊气，再用气体检测仪检查井内或隧道内的氧含量是否合格、易燃易爆及有毒气体的含量是否超标。必须在作业场所空气中氧气及其他气体的浓度合格后，才能进入有限空间内进行相关作业。

6）电缆井、电缆隧道检测应使用测试采样管缓慢伸入井内，并用吸气囊（或采用电动泵）将井内上、中、下不同高度的气体吸入采样管内。

7）测试过程中，应保证足够的时间，以满足采样管的通气时间、仪器的检测速度及探测器的反应时间。

8）准入检测气体无问题后，作业人员应随身携带有害气体检测仪（持续检测）进入有限空间开展相关作业。

9）评估及准入检测点的数量不应少于 3 个；上、下检测点，距离地下有限空间顶部和底部均不应超过 1m，中间检测点均匀分布，检测点之间的距离不应超过 8m；每个检测点的每种气体应连续检测 3 次，以检测数据的最高值为依据。

（3）通风换气。

1）现场作业应保证有限空间内时刻保持通风状态。

2）采用机械通风时，通风设备应放稳，并采取防跌落井内的措施。

3）电缆隧道采用机械通风时，通风机设置方式应能确保工作地段空气流通良好。

4）电缆井使用管道通风机，应将通风管道出风口伸延至有限空间底部，让新鲜空气可以到达有限空间的最远端，有效去除大于空气比重的有害气体。

5）地下有限空间准入评估检测为一、二级环境时，作业地点两侧至少应有两台通风设备进行送风和排风。

6）送风设备吸风口应置于洁净空气中，出风口应设置在作业区，不应直对作业人员。

7）向地下有限空间内输送清洁空气，不得使用纯氧气进行通风。

8）燃油发电机放置在有限空间外下风侧，外壳可靠接地，装有漏电保护器。

9）按规定采用自然通风的：

a. 作业前，应开启地下有限空间的门、窗、通风口、出入口、人孔、盖板、作业区，以及上、下游井盖等进行自然通风，时间不应低于 30min。

b. 检查有限空间的百叶门窗、通风口、电力通道路径上方通风亭等畅通，无杂物影响自然通风。

c. 作业中，不应封闭地下有限空间的门、窗、通风口、出入口、人孔、盖板、作业区，以及上、下游井盖等，并做好安全警示及周边拦护。

（4）个体防护。

1）进入有限空间作业时，应做好防止中毒、高处坠落的个体防护措施。开始作业前，应先检查现场气体检测仪、照明设备、通信设备、安全带、安全绳、正压隔绝式（逃生）呼吸器、应急救援设备等是否到位。

2）电缆隧道、管井外可架设三脚架，在不适宜架设三脚架的井口，应设置安全爬梯。

3）作业人员与监护人应确定有效沟通方式，测试通信工具信号良好。

4）作业人员按规定穿戴全身式安全带，D 型环与安全绳相连，安全绳有牢固挂点（如三脚架金属挂点）。

5）作业人员按规定携带气体检测仪，携带位置应在呼吸带高度内，采样器未被遮挡。

6）作业人员按规定携带正压隔绝式（逃生）呼吸器。

（5）安全监护。

1）有限空间作业时，必须派专人监护，监护人必须具有特种作业证，有限空间地上监护人应佩戴"有限空间作业现场监护"袖标，穿监护人马甲；作业人员应佩戴"有限空间作业工作证"。

2）作业期间，监护人负责对安全措施落实情况进行检查，清点出入有限空间作业人数（对进出人员、时间等进行记录），并与进入作业人员保持联系，能够与作业人员进行有效的操作作业、报警、撤离等信息沟通，发现异常及时制止。

3）监护人应在有限空间外持续监护，监护期间不得离开现场，不得进入有限空间参与现场工作，不得做与监护无关的事；监护人发生变化的，必须在作业票中予以明确标识，并对其进行作业安全交底；上岗 6 个月以内的新工不得担任有限空间作业监护人。

4）每次进入有限空间二级环境中作业时，应增加监护检测，监护检测至少每 15min 记录一个瞬时值，记录审批表相应的表格内。

五、工作中断

（1）作业过程中，应当对作业场所中的危险有害因素进行连续监测。作业中断超过 30min，作业人员再次进入有限空间作业前，应当重新通风、检测合格后方可进入。

（2）在作业中，遇检测仪报警、作业人员身体不适或其他任何情况威胁到作业人员的安全时，工作负责人或监护人可根据情况，临时停止工作，并协助作业人员撤离有限空间。

（3）在没有判明原因并消除隐患前，禁止继续开展作业。

六、工作终结

（1）作业完成后，现场工作负责人应清点人员及设备数量，确保有限空间内无人员和设备遗留后，在审批表备注栏内填写清点结果，方可解除作业区域封闭、隔离及安全措施，履行作业终结手续。

（2）工作负责人履行工作票或安全施工作业票终结手续，并通知有限空间设施运维管理单位。

（3）工作终结后不准任何人再进入有限空间内作业。

（4）关闭出入口（盖好井盖），清理现场后拆除作业区域封闭措施，并收好安全措施和工器具，撤离现场。

七、其他安全规定

（1）利用井口内梯子下井前，应检查井口梯子是否牢固。可采用试踩井口内第一节梯子或利用其他工具检查梯子是否牢固。

（2）严禁随意蹬踩电缆或电缆托架、槽盒等附属设施。作业过程中，不动无关设备，不抛扔工具。

（3）严禁在电缆隧道（井）内以及封闭的场所使用燃油（气）发电机等设备，以防止作业人员缺氧或有害气体中毒。

（4）作业过程中，一旦检测仪报警或发生安全防护设备、个体防护装备失效或作业人员出现身体不适时，作业人员应立即撤离有限空间。在没有判明原因并消除隐患前，禁止继续开展作业。

（5）有限空间内发现明显的刺鼻刺眼气味，但检测仪还未报警（检测仪正常），说明作业环境气体复杂，应停止作业并委托具有检测能力的机构进行检测，对作业环境进行评估。在查明原因消除隐患后，方可继续作业。

（6）所有工作人员（包括厂家配合人员）都应经电力安全考试，合格方可参加工作，所有作业人员都应列在工作票中，每个作业人员都应清楚地知晓现场危险点和安全注意事项。

（7）现场动火作业应提前办理动火票，并履行签发、许可手续。

（8）现场应配备充足的灭火器。

（9）有限空间作业票、安全风险控制单应现场携带，并保证措施严格落实。

第三节　电力电缆有限空间一般作业注意事项

一、临近石油、燃气、污水管线通道的有限空间作业注意事项

临近石油、燃气、污水管线通道的有限空间作业，由于其特殊的环境条件和潜在的危险性，需要采取更为严格的安全措施和注意事项：

（1）危险性评估：在作业前，必须对作业区域进行详细的风险评估，特别

是对石油、燃气和污水管线的位置、状态和可能泄漏的风险进行评估。基于评估结果制定相应的安全措施。

（2）气体检测与监测：增强作业前和作业中的气体检测与持续监测，特别注意检测易燃、易爆及有害气体。使用灵敏度高的气体检测仪器，并确保检测设备的准确性和可靠性。

（3）防爆措施：确保所有使用的电气设备和工具均符合防爆标准，尤其是在存在易燃易爆气体的环境中。避免使用任何可能产生火花的工具和设备。

（4）通风措施：加强作业区域的通风，确保有限空间内空气流通，以降低易燃易爆气体积聚的风险。必要时，使用机械通风设备强制通风。

（5）应急预案与救援准备：制订详细的应急预案，包括紧急疏散路线、联系方式和救援队伍的调度。准备充足的应急救援装备，如防爆呼吸器、安全绳索、急救箱等。

（6）作业人员培训：对作业人员进行专门的安全培训，包括危险品识别、防爆措施、应急处置等，确保每位作业人员都具备必要的安全知识和应对能力。

（7）邻近作业协调：与邻近石油、燃气、污水管线管理单位进行充分的沟通和协调，确保在作业过程中可以快速响应并处理可能的紧急情况。

二、电缆隧道有限空间作业注意事项

在具有通风结构的电缆隧道中进行有限空间作业时，需要遵循以下安全注意事项，以保证作业的安全性和有效性：

（1）通风系统检查。在作业前，彻底检查隧道内的通风系统是否运行正常。通风系统的有效运作对于确保隧道内空气质量至关重要，可以有效预防有害气体积聚和氧气浓度降低的风险。

（2）气体检测。在进入隧道前，进行全面的气体检测，包括氧气浓度、可燃气体及其他有毒有害气体的检测。根据检测结果判断是否安全进入，并在作业过程中持续检测，确保作业环境的安全。

（3）个人防护装备。所有进入电缆隧道进行作业的人员都必须佩戴适当的个人防护装备，包括但不限于安全帽、安全鞋、抗静电工作服、防毒面具或呼吸器等，根据作业环境的特定需求选用。

（4）通风改善。即便隧道设计有通风结构，也可能需要额外的机械通风措施，如使用风扇或风管，以确保作业区域的空气流通。尤其是在进行可能产生有害气体的作业或使用有挥发性质的化学品时。

（5）紧急疏散计划。制订和熟悉紧急疏散计划，确保所有作业人员了解在遇到紧急情况时的疏散路线和集合点。在隧道入口处的明显位置设置紧急疏散路线图。

（6）有效通信。在隧道内作业可能会遇到通信障碍，确保建立有效的通信系统，如携带对讲机等，保障作业人员能够随时与外界或紧急救援团队保持联系。

（7）作业人员培训。对所有作业人员进行有限空间作业的安全培训，包括怎样识别潜在危险、如何使用个人防护装备、应急处置方法等，提高他们的安全意识和自救能力。

三、排管井有限空间作业安全要求

（1）单孔井。有限空间仅有 1 个出入口时，应将通风设备出风口置于作业区底部进行送风，且不应触及有限空间底部，让新鲜空气可以到达有限空间的最远端，有效去除大于空气比重的有害气体。

（2）多孔井。有限空间有 2 个或 2 个以上出入口时，应在临近作业者处进行送风，远离作业者处进行排风。必要时，可设置挡板或改变吹风方向以防止出现通风死角。图 5-1 为通风示意图。

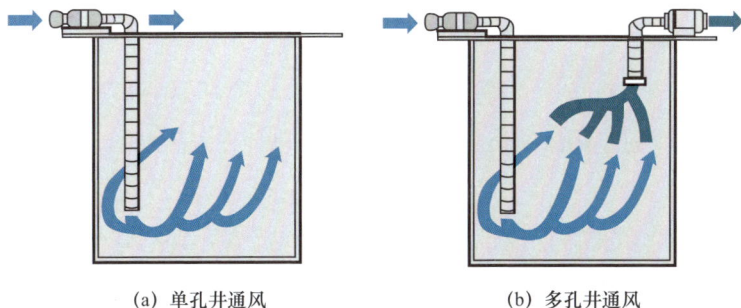

(a) 单孔井通风   (b) 多孔井通风

图 5-1　通风示意图

第四节　电缆通道内特殊作业注意事项

一、动火作业

（1）在动火前，需了解电缆通道的结构和布局，以及通道中可能存在的任何障碍物或危险因素。

（2）检查通风系统。确保通道内的通风系统正常运行，防火区间防火门工作正常。

（3）排除火源。在动火前，应保持通道干净整洁，通道内所有易燃物品都应从工作区域清除。

（4）使用合适的工具和设备。使用热风枪等电热工具代替明火加热，最大限度地降低火灾风险。

（5）随时准备应急情况。动火作业现场必须备有灭火器，并在作业前检查灭火器的完好性和可用性，并确保作业人员了解正确使用方法。

（6）在动火作业期间，应不间断监测通道内多个点位的气体含量，采取强制对流形式通风，防止因加热产生的有毒有害气体聚集。

二、排水作业

（1）应检查所有电气设备和线路均具有适当的防水等级和安全保护，使用低压和防爆型电气设备，以防电气事故的发生。

（2）根据作业环境的具体需求，为作业人员配备适当的个人防护装备，包括防水服、绝缘靴、防毒面具或呼吸器、安全帽和手套等。确保作业人员了解如何正确使用。

（3）指派专人在安全区域进行现场监护，以便在紧急情况下及时提供帮助或执行救援计划。确保通信工具的有效性，以便作业人员与监护人员能保持通畅的沟通。

（4）水处理和废物管理。对排出的水进行适当处理，避免污染环境。同时，妥善处理作业过程中产生的所有废物，遵守相关环境保护规定。

三、清淤作业

（1）有限空间内仍存在未清除的积水、淤泥或物料残渣时，应先在有限空间外利用工具进行充分搅动，使有毒有害气体充分释放。

（2）充分搅动后使用气体检测仪检测有限空间内气体含量，探明积水、淤泥或物料残渣中是否存在有害气体。

（3）气体检测合格后应采用强制通风等手段进行气体置换，人员在作业过程中应持续通风，持续检测气体含量。

四、用电安全

（1）地下有限空间内应使用不大于 36V 的照明工具。手持照明设备电压应不大于 24V，在潮湿的地下有限空间作业，手持照明设备电压不应大于 12V，现场应使用具有漏电保护装置的电源。

（2）严禁在有限空间内使用明火照明。

（3）作业区内所有的电气设备、照明设施，应符合《爆炸性环境　第 2 部分：由隔爆外壳"d"保护的设备》（GB 3836.2—2021）规定，实现电气整体防爆。

（4）应采用防爆型照明灯具，电压应符合《特低电压（ELV）限值》（GB/T 3805—2008）规定，照度应符合《建筑照明设计标准》（GB 50034—2013）规定。

（5）引入有限空间的照明线路必须悬吊架设固定，避开作业空间，照明灯具不许用电线悬吊，照明线路应无接头。

（6）临时照明灯具或手提式照明灯具，灯具与线的连接应采用安全可靠的绝缘的重型移动式通用橡胶套电缆线，露出金属部分必须完好连接地线。

（7）使用超过安全电压的手持电动工具作业时，应配备漏电保护器。

第六章
电力电缆有限空间个人防护用品使用和维护

有限空间作业常用的个人防护用品有呼吸防护器，如隔离式呼吸防护器、过滤式呼吸防护器；防护服装，如防伤鞋、帽、带、防护服、手套等；防护面罩和眼镜；防音器（耳塞）、皮肤防护剂等。

第一节　便携式气体测试仪

便携式气体检测报警仪可连续实时监测并显示被测气体浓度，当达到设定报警值时可实时报警。

一、便携式气体检测仪分类

1. 按可检测气体种类分类

按可检测气体种类划分，便携式气体检测报警仪可分为单一式。单一式气体检测报警仪内置单一传感器，只能检测一种气体。复合式气体检测报警仪内置多个传感器，可检测多种气体。有限空间作业主要使用复合式气体检测报警仪。

2. 按气体采集方式分类

按采样方式划分，便携式气体检测报警仪可分为扩散式和泵吸式。扩散式气体检测报警仪利用被测气体自然扩散到达检测仪的传感器进行检测，因此无法进行远距离采样，一般适合作业人员随身携带进入有限空间，在作业过程中实时检测周边气体浓度。泵吸式气体检测报警仪采用一体化吸气泵或者外置吸气泵，通过采气管将远距离的气体吸入检测仪中进行检测。作业前应在有限空间外使用泵吸式气体检测报警仪进行检测。

二、便携式气体检测仪气体检测范围

目前，较为常见的有限空间气体检测仪为四合一气体检测仪，主要检测氧气含量（%）、可燃气体含量（%）、硫化氢体积分数（ppm）、一氧化碳体积分数（ppm）。

常见的气体检测仪参数如表 6-1 所示。

表 6-1　　　　　　　　　气体检测仪参数

序号	气体种类	测量范围	分辨率
1	氧气（O_2）	$0 \sim 30\%$	0.1%
2	一氧化碳（CO）	$0 \sim 1000ppm$	1ppm
3	硫化氢（H_2S）	$0 \sim 100ppm$	1ppm
4	可燃气体	$(0 \sim 100)\%LEL$	1%

三、便携式气体检测仪报警值标准及报警类型

气体检测报警值标准如表 6-2 所示。

表 6-2　　　　　　　　　气体检测仪报警值

气体名称	低报警值	高报警值	时间加权允许浓度（TWA）	短时间接触允许浓度（STEL）
氧气（O_2）	19.5%	23.5%	—	—
一氧化碳（CO）	24ppm	160ppm	16ppm	24ppm
硫化氢（H_2S）	6ppm	20ppm	10ppm	15ppm
可燃气体	10%LEL	50%LEL	—	—

气体检测仪报警主要表现为闪烁报警灯、震动、警报声三者之间的切换。

四、便携式气体检测仪使用与维护注意事项

（1）便携式气体检测报警仪应符合《作业场所环境气体检测报警仪通用技术要求》（GB 12358—2006）的规定，其检测范围、检测和报警精度应满足

工作要求。

（2）便携式气体检测报警仪应每年至少检定或校准 1 次，量值准确方可使用。

（3）仪器外观检查合格后，在洁净空气下开机，确认零点正常后，再进行检测；若数据异常，应先进行手动"调零"。

（4）使用泵吸式气体检测报警仪时，应确保采样泵、采样管处于完好状态。

（5）使用后，在洁净环境中待数据回归零点后关机。

第二节　呼吸防护用品使用维护

一、呼吸防护用品分类

根据呼吸防护方法，呼吸防护用品可分为隔绝式和过滤式两大类。

（一）隔绝式呼吸防护用品

隔绝式呼吸防护用品能使佩戴者呼吸器官与作业环境隔绝，靠本身携带的气源或者通过导气管引入作业环境以外的洁净气源供佩戴者呼吸。常见的隔绝式呼吸防护用品有长管呼吸器、正压式空气呼吸器和隔绝式紧急逃生呼吸器。

1. 长管呼吸器

长管呼吸器主要分为自吸式、连续送风式和高压送风式 3 种。自吸式长管呼吸器依靠佩戴者自主呼吸，克服过滤元件阻力，将清洁的空气吸进面罩内 [图 6-1(a)]；连续送风式长管呼吸器通过风机或空压机供气为佩戴者输送洁净空气 [图 6-1(b)、图 6-1(c)]；高压送风式长管呼吸器通过压缩空气或高压气瓶供气为佩戴者提供洁净空气 [图 6-1(d)]。自吸式长管呼吸器使用时可能存在面罩内气压小于外界气压的情况，此时外部有毒有害气体会进入面罩内，因此有限空间作业时不能使用自吸式长管呼吸器，而应选用符合《呼吸防护长管呼吸器》（GB 6220—2009）的连续送风式或高压送风式长管呼吸器。

(a) 自吸式　　　　(b) 电动送风式　　　　(c) 空压机送风式　　　　(d) 高压送风式

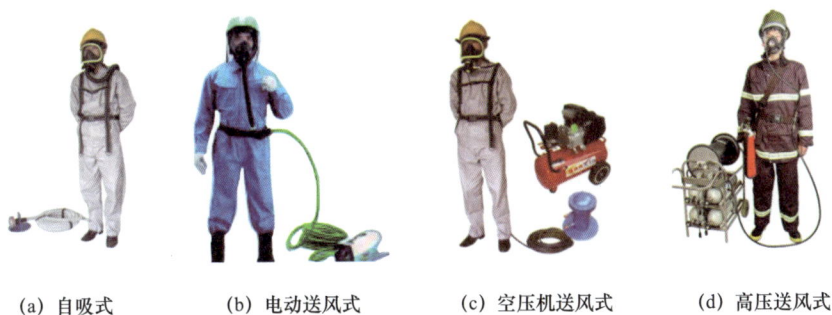

图 6-1　长管呼吸器分类

2. 正压式空气呼吸器

正压式空气呼吸器（见图 6-2）是使用者自带压缩空气源的一种正压式隔绝式呼吸防护用品。正压式空气呼吸器应符合《自给开路式压缩空气呼吸器》（GB/T 16556—2007）的规定。

3. 隔绝式紧急逃生呼吸器

隔绝式紧急逃生呼吸器是在出现意外情况时，帮助作业人员自主逃生使用的隔绝式呼吸防护用品，一般供气时间为 15min 左右。图 6-3 所示为隔绝式紧急逃生呼吸器。

图 6-2　正压式空气呼吸器　　　　　　图 6-3　隔绝式紧急逃生呼吸器

（二）过滤式呼吸防护用品

过滤式呼吸防护用品能把使用者从作业环境吸入的气体通过净化部件的吸附、吸收、催化或过滤等作用，去除其中有害物质后作为气源供使用者呼吸。常见的过滤式呼吸防护用品有防尘口罩和防毒面具等。

在选用过滤式呼吸防护用品时应充分考虑其局限性，主要有：

（1）过滤式呼吸防护用品不能在缺氧环境中使用。

（2）现有的过滤元件不能防护全部有毒有害物质。

（3）过滤元件容量有限，防护时间会随有毒有害物质浓度的升高而缩短，有毒有害物质浓度过高时甚至可能瞬时穿透过滤元件。

鉴于过滤式呼吸防护用品的局限性和有限空间作业的高风险性，作业时不宜使用过滤式呼吸防护用品，若使用必须经过严格论证，充分考虑有限空间作业环境中有毒有害气体种类和浓度范围，确保所选用的过滤式呼吸防护用品与作业环境中有毒有害气体相匹配，防护能力满足作业安全要求，并在使用过程中加强监护，确保使用人员安全。

二、呼吸防护用品使用与维护注意事项

（一）呼吸防护用品的检查、保养与保存

（1）应按照呼吸防护用品使用说明书中有关内容和要求，由受过培训的人员实施检查和维护，对使用说明书未包括的内容，应向生产者或经销者咨询。

（2）应对呼吸防护用品做定期检查和维护。

（3）使用后，应立即更换用完的或部分使用的气瓶或呼吸气体发生器，并更换其他过滤部件。更换气瓶时，不允许将空气瓶和氧气瓶互换。

（4）应按国家有关规定，在具有相应压力容器检测资格的机构定期检测空气瓶或氧气瓶。

（5）应使用专用润滑剂润滑高压空气或氧气设备。

（6）不允许使用者自行重新装填过滤式呼吸防护用品滤毒罐或滤毒盒内的吸附过滤材料，也不允许采取任何方法自行延长已经失效的过滤元件的使用寿命。

（二）呼吸防护用品的清洗与消毒

（1）个人专用的呼吸防护用品应定期清洗和消毒，非个人专用的每次使用后都应清洗和消毒。

（2）不允许清洗过滤元件。对可更换过滤元件的过滤式呼吸防护用品，

清洗前应将过滤元件取下。

（3）清洗面罩时，应按使用说明书要求拆卸有关部件，使用软毛刷在温水中清洗，或在温水中加入适量中性洗涤剂清洗，清水冲洗干净后，在清洁场所蔽日风干。

（4）若需使用广谱消毒剂消毒，在选用消毒剂时，需要特别预防特殊病菌传播的情形，应先咨询呼吸防护用品生产者和工业卫生专家。应特别注意消毒剂的使用说明，如稀释比例、温度和消毒时间等。

（三）呼吸防护用品的储存

（1）呼吸防护用品应保存在清洁、干燥、无油污、无阳光直射和无腐蚀性气体的地方。

（2）若呼吸防护用品不经常使用，建议将呼吸防护用品放入密封袋内储存。储存时，应避免面罩变形。

（3）防毒过滤元件不应敞口储存。

（4）所有紧急情况和救援使用的呼吸防护用品都应保持待用状态，并置于适宜储存、便于管理、取用方便的地方，不得随意变更存放地点。表 6-3 为呼吸防护用品使用前检查要点。

表 6-3　　　　　　　　　　呼吸防护用品使用前检查要点

检查要点	连续送风式长管呼吸器	高压送风式长管呼吸器	正压式空气呼吸器	隔绝式紧急逃生呼吸器
面罩气密性是否完好	√	√	√	√
导气管是否破损，气路是否通畅	√	√	√	√
送风机是否正常送风	√			
气瓶气压是否低于 25MPa 最低工作压力		√	√	√
报警哨是否在 5.5±0.5MPa 时开始报警并持续发出鸣响		√	√	
气瓶是否在检验有效期内		√	√	√

注　根据《气瓶安全技术监察规程》（TSGR 0006—2014）的要求，气瓶应每 3 年送至有资质的单位检验 1 次。

第三节 安全工器具

有限空间作业常用的坠落防护用品主要包括全身式安全带［见图6-4(a)］、速差自控器［见图6-4(b)］、安全绳［见图6-4(c)］及三脚架［见图6-4(d)］等。

(a) 全身式安全带　　(b) 速差自控器（防坠器）　　(c) 安全绳　　(d) 三脚架（挂点装置）

图 6-4　坠落防护用品

一、全方位安全带

全身式安全带可在坠落者坠落时保持其正常体位，防止坠落者从安全带内滑脱，还能将冲击力平均分散到整个躯干部分，减少对坠落者的身体伤害。全身式安全带应在制造商规定的期限内使用，一般不超过 5 年，且每年校验一次。如发生坠落事故或有影响安全性能的损伤，则应立即更换。使用环境特别恶劣或使用格外频繁的，应适当缩短全身式安全带的使用期限。使用前，应对全身式安全带进行例行外观检查和冲击试验。现场应按照救援者人数配置全身式安全带。

使用注意事项：

（1）下井作业时，必须系好合格的安全带，安全带不能过长，根据可能触碰的物体至工作面的相对高度选择安全带的长短。

（2）安全带应高挂低用，注意防止摆动，禁止在竖直管线上或突出物较短易滑脱的地方悬挂。

（3）安全带不够长，需重新找位置悬挂时，首先要保证脚下不滑或身体重心不至于悬空，然后松开安全带，更换悬挂位置。

（4）缓冲器速差式装置和自锁钩可串联使用，但禁止扭结使用；不准将自锁钩直接挂在安全绳上使用，应直接挂在连接环上。

（5）安全带各部件不得随意拆卸。

二、速差自控器

速差自控器又称速差器、防坠器等，使用时，应安装在挂点上，通过装有可伸缩长度的绳（带）串联在系带和挂点之间。在坠落发生时，因速度变化引发制动从而对坠落者进行防护。速差自控器应每年校验一次，使用前应对速差自控器进行冲击试验，并检查钢丝绳有无断股破裂，速差自控器应配置在有限空间出入口处。

速差自控器使用注意事项：

（1）速差自控器高挂低用，应悬挂在使用者上方固定的架构上。

（2）正常拉动安全绳时，会发生"嗒嗒"声响。如安全绳收不进去，稍做速度调节即可。

（3）每次使用前，要做外观检查。

（4）产品使用时，应防止与尖锐、坚硬物体撞击，严禁安全绳扭结使用。

（5）日常保存注意防尘、防潮。

三、安全绳

安全绳是在安全带中连接系带与挂点的绳（带），一般与缓冲器配合使用，起到吸收冲击能量的作用。安全绳应每年校验一次，每次使用前检查破损断股，禁止将安全绳存放酸、碱等易腐蚀环境中。

下井作业，尤其是进入有毒害气体的空间内作业，必须系好安全绳。且绳子不能太长，绳头系于身上或突出的物体上，禁止系到竖直的管线上，注意防止滑脱。

四、三脚架

三脚架作为一种移动式挂点装置，被广泛用于有限空间作业（垂直方向）中，特别是三脚架与绞盘、速差自控器、安全绳、全身式安全带等配合使用，可用于有限空间作业的坠落防护和事故应急救援。使用前，应检查三脚架绞盘钢丝绳有无缠绕现象。现场使用时，应将三脚架放置有限空间出入口上方，并将三脚架拉伸至合适高度。图 6-5 为有限空间作业防坠落示意图。

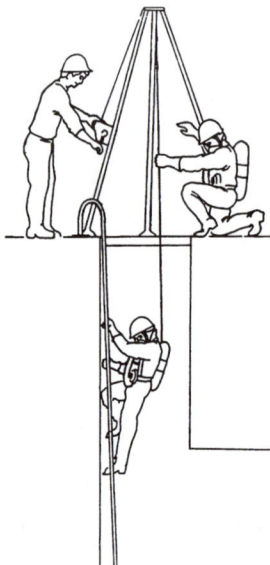

图 6-5　有限空间作业防坠落示意图

第四节　其他防护用品

为避免或减轻作业人员头部受到伤害，有限空间作业人员应佩戴安全帽［见图 6-6（a）］。安全帽应在产品的有效期内使用，受到较大冲击后，帽壳无论是否有明显的断裂纹或变形，都应停止使用，立即更换。

(a) 安全帽　　(b) 防护服　　(c) 防护手套　　(d) 防护眼镜　　(e) 绝缘鞋

图 6-6　个体防护用品

安全帽使用注意事项：

（1）安全帽必须戴正，帽檐在前，系好下颌带。

（2）如帽内安全带贴于头盔，必须将安全带调整至有 1 ～ 2cm 的安全缓冲空间后才准使用。

（3）不能将普通钢盔或棉帽当安全帽。

（4）安全帽褪色、开裂或受过重击，禁止使用。

（5）安全帽存放应避免高温、日晒、潮湿等。

第七章

电力电缆有限空间作业配套安全设备使用和维护

第一节 通 风 设 备

一、通风设备分类

电力电缆有限空间作业的通风设备主要分为两大类，即固定式通风设备和移动式通风设备。

（一）固定式通风设备

固定式通风设备主要包括安装在电缆隧道通风口的机械通风设备及隧道内的固定通风系统。这些系统设计用于在隧道内部建立稳定的气流，以确保空气质量。固定通风系统通常沿隧道每隔 100～200m 设置通风区，采用推拉式纵向通风方式，每个通风区都配备进风井和排风井，从而形成有效的空气循环。

（二）移动式通风设备

移动式通风设备（见图 7-1）则更加灵活，可以根据作业需求移动到特定位置。这些设备包括便携式风机、轴流风机及离心风机等，它们能迅速提供强制通风，通常有送风和排风两种通风方式，尤其适用于突发事件或特定作业区域的空气质量改善。使用移动式通风设备时，应确保风管完好无损，风机叶片、电线和插头均应检查，保证安全使用。

图 7-1 移动式风机和风管

二、通风设备使用和维护

（1）使用前，应进行设备检查，包括检查风管是否破损、风机叶片是否完好、电线是否裸露、插头是否松动等，确保风机能够正常运转。

（2）定期维护是保证通风设备正常工作的关键，包括清洁风机叶片、检查电路和替换磨损的部件等。

（3）对于固定式通风系统，还应定期检查通风管道的堵塞情况，并清理管道内的杂物，确保通风顺畅。

第二节 照 明 设 备

一、照明设备分类

在有限空间作业中，照明设备的选择至关重要，包括手持式工作灯、头灯、固定式工作灯、临时照明灯及紧急照明系统等。照明设备如图 7-2 所示。

(a) 头灯   (b) 手电

图 7-2　照明设备

（1）手持式工作灯。手持式工作灯通常配有插座或电池供电，特点是便携性强、灵活度高，适用于在有限空间内移动和定位。手持式工作灯通常配备高亮度发光二极管（LED）灯泡，它们通常具有强光和耐用的特点，可以提供足够的光照进行精细作业。

（2）头灯。头灯是一种固定在头部或头盔上的照明设备，通常用于需要双手操作的工作场合。头灯能够随着头部的移动而调整照射方向，为工作者提供便利的照明支持。

（3）固定式工作灯。固定式工作灯安装在有限空间内的墙壁、天花板或设备上，提供持久且稳定的照明。这些灯具通常具有较高的亮度和广泛的照射范围，适用于长时间的作业或需要大面积照明的场合。

（4）临时照明灯。临时照明灯是一种移动式照明设备，通常由脚架支撑，可调节高度和方向。它们通常用于需要临时性照明支持的工作场合，如临时施工现场或紧急维修作业。其中，固定式 LED 软光灯相比于传统照明设备，能提供更均匀、柔和的光线，减少眩光，改善作业环境。

（5）紧急照明系统。在电力故障或其他紧急情况下，紧急照明系统能够自动启动，为作业人员提供撤离路径的照明。这类系统通常包括标志灯和路径指示灯，是提高作业安全性的重要组成部分。

二、照明设备使用和维护

（1）在电缆隧道内部，特别是易爆炸或火灾风险区域，应优先使用防爆照明设备，确保作业安全。

（2）使用前，务必检查照明设备的电源、电池电量，确保设备在整个作业过程中都能正常工作。

（3）对于在潮湿环境或特殊条件下使用的照明设备，应确保其电压符合安全要求，如在积水、结露的环境中使用的照明设备电压不应大于 12V，以避免电气安全事故。

（4）定期对照明设备进行维护检查，包括灯泡、电池和电线的检查与更换，以及防水、防尘措施的检查，确保照明设备的可靠性和安全性。

第三节 通 信 设 备

一、通信设备分类

通信设备在电力电缆有限空间作业中发挥着至关重要的作用，确保作业人员能够有效沟通，及时响应紧急情况。

（1）运营商网络。部分电缆隧道中通过分布式天线系统（DAS，在隧道内部分布多个天线节点，提高信号质量）、泄漏线缆（leaky feeder cable，专门设计用于在隧道等闭环环境中提供无线信号覆盖的系统）等方式实现了手机通信网络的信号覆盖，隧道内的作业人员可直接使用手机或 800 兆无线数字集群手持对讲机进行通信。

（2）对讲机。当作业现场没有通信运营商信号，无法通过目视、喊话等方式进行沟通时，可使用传统对讲机（见图 7-3）等通信设备，便于现场作业人员之间的沟通，尤其适用于视线受限和噪声较大的环境。

（3）应急通信系统，电缆隧道应急通信系统是一种专门设计用于在电缆隧道或地下通道等封闭环境中提供紧急通信和联络的系统。与传统的手机通信相比，隧道紧急电话系统具有更高的可靠性和稳定性，能够在隧道内部实现无障碍通信，确保在紧急情况下能够及时与外界取得联系，获得救援和支持。

图 7-3　对讲机

二、通信设备使用和维护

（1）定期检查和测试通信设备的功能，确保在必要时能够可靠使用。

（2）对于分布式天线系统和泄漏线缆，需要定期进行信号覆盖测试，以确保通信的无死角覆盖。

（3）对于对讲机等便携式通信设备，应定期检查电池电量和通信清晰度，必要时进行更换或维修。此外，应根据作业环境选择合适的防尘、防水等级，以保证设备的可靠性。

（4）对于应急通信系统，应定期检查系统的备用电源、通信设备和信号传输线路。定期进行模拟紧急情况测试，包括声音清晰度、信号强度和系统的响应时间，确保在紧急情况下能够迅速有效地进行通信沟通。

第四节 防 爆 设 备

有限空间内进行附件安装、检修维护、故障处理等长时间作业时，作业防火区间内存在运行电缆中间接头时，应使用防爆毯将电缆中间接头包裹，保护作业人员安全。图7-4为防爆毯。

图 7-4 防爆毯

第五节 围挡和警示设施

1. 围挡

在有限空间作业时，围挡设施用于划分作业区域和非作业区域，防止人员误入危险区域。围挡多采用硬质围栏、锥形桶、警示带等，具有较强的视觉警示效果。有限空间作业过程中常用的围挡设备如图7-5所示。

(a) 硬质围栏   (b) 锥形帽   (c) 警示隔离带

图 7-5 围挡设备

2. 安全网和防护栅栏

在电缆隧道有限空间作业时，安全网和防护栅栏被用来防止物体掉落或人员从高处坠落，以确保作业区域的安全。这些安全设施通常安装在高处或潜在的坠落危险区域周围。

3. 电子警示系统

采用传感器和警报器的组合，当有人接近危险区域时自动发出声光警报，有效防止非授权人员进入作业区域。这种系统适用于高风险作业区域的额外安全防护。

4. 警示标识和标志

警示标识和标志被用于标识禁止区域、危险区域、安全出口、危险因素等重要信息。这些标识通常采用醒目的颜色和符号，以便人员在有限空间内快速识别。常用的安全警示标志或安全告知牌如图 7-6 所示。

(a)"注意安全"警示标志　　　(b)"禁止入内"警示标志　　　(c) 有限空间作业安全告知牌

图 7-6　安全警示标志或安全告知牌

5. 使用注意事项

（1）应根据作业环境的具体需求，合理布置安全警示标志和安全告知牌，如"止步，高压危险！""易燃易爆""有限空间，限制进入"等标志，旨在提醒作业人员注意避免潜在的安全风险。

（2）定期检查警示标识和标志的可见性和完好性，确保其不褪色、不破损，以维持其警示功能的有效性。

（3）在作业区域的显著位置设置紧急撤离路线和安全出口的指示标志，确保在紧急情况下作业人员能迅速、有序地撤离到安全区域。

第八章

电力电缆有限空间安全事故的常见类型及防范措施

第一节 有限空间常见安全事故类型

有限空间包括密闭空间和受限制的空间，一般在管道、电缆隧道、电缆沟、下水道、洞穴、地窖、矿洞等地事故多发。有限空间狭小、通风不畅，不利于气体扩散，容易造成有毒有害气体积聚，不利于进行救援。一旦发生事故，往往造成严重后果。作业人员中毒、窒息往往发生在瞬间，有的有毒气体中毒后数分钟、甚至数秒钟就会死亡。

电力电缆有限空间作业属于高风险作业，它具有以下特点：

（1）可导致死亡。

（2）电力电缆有限空间存在的危害，大多数情况下是完全可以预防的。如加强培训教育、完善各项管理制度、严格执行规章制度、配备必要的个人防护用品和应急抢险设备等。

（3）发生的地点形式多样化。如电缆隧道、电缆沟、电缆接头井、变电站电缆夹层等。

（4）一些危害具有隐蔽性并难以预测。

（5）可能多种危害共同存在。如电力电缆有限空间存在硫化氢、一氧化碳等可燃、有害气体危害的同时，还存在缺氧危害。

（6）某些环境具有突发性。如开始进入有限空间检测时没有危害，但在作业过程中突然涌出大量的有毒气体造成急性中毒。

针对电力电缆有限空间危害的特点，为了有效地预防事故的发生，除了对有关人员进行必要培训教育，还应该从事故本身入手，通过对事故类型及其防范措施的介绍来加深对有限空间的认识。有限空间常见的事故类型有中毒、窒息、火灾与爆炸、机械伤害、触电、能量意外释放（高温、高湿、积水等）。

一、电力电缆有限空间的触电事故

多数电缆隧道、电缆沟等有限空间内环境潮湿、光线不足、空间狭小，如果用电设备存在故障、用电线路绝缘损坏、电力电缆及其附属设施绝缘损坏、有限空间进行绝缘试验使用高压设备等情况容易发生人员触电事故。国家电网公司企业标准《电力安全工作规程线路部分》（Q/GDW 1779.2—2013）中的16.4.2.9规定"在潮湿或含有酸类的场地上以及在金属容器内应使用24V及以下电动工具，否则应使用带绝缘外壳的工具，并装设额定动作电流不大于10mA，一般型（无延时）的剩余电流动作保护器（漏电保护器），且应设专人不间断地监护。剩余电流动作保护器（漏电保护器）、电源连接器和控制箱等应放在容器外面。电动工具的开关应设在监护人伸手可及的地方。"但除电动工具外，电缆隧道内照明电源通常使用220V电压等级，动力电源为380V电压等级，线路长时间运行极易老化，或照明灯具与水泵等动力设备防护等级不足IP67，一旦发生漏电，极易导致触电事故发生。

出现触电事故，应立即拉开电源开关切断电源。如电源开关距离太远，用有绝缘柄的钳子或用木柄的斧子断开电源线。或者用木板等绝缘物插入触电者身下，以隔断流经人体的电流。当电线搭落在触电者身上，可用干燥的衣服、手套、绳索、木板、木棍等绝缘物作为工具，拉开触电者及挑开电线使触电者脱离电源。拨打急救电话，说明伤情和已采取的相关措施，以便让救护人员事先做好急救准备。讲清楚伤者所在（事故发生）的具体地点，说明报救者姓名，报救者（或事故地）的电话，并派人在现场外等候接应救护车，同时把救护车辆进事故现场的路上障碍及时予以清除，以便救护车辆到达后能及时进行抢救。

现场知情人员应做好受伤人员的现场救护工作。如受伤人员出现骨折、休克或昏迷状况，应采取临时包扎止血措施、进行人工呼吸或胸外心脏按压，尽量努力抢救伤员，将伤亡事故控制到最小。

应急人员赶赴现场后，应当立即采取措施对事故现场进行隔离和保护，严禁无关人员入内，为应急救援工作创造一个安全的救援环境。同时，应立即组织开展事故调查，为尽快事故恢复创造条件。

二、电力电缆有限空间的缺氧窒息事故

窒息是指引起人体组织处于缺氧状态的过程。电力电缆有限空间内缺氧主要有两种情形：一是由于生物的呼吸作用或物质的氧化作用，有限空间内的氧气被消耗导致缺氧；二是有限空间内存在二氧化碳、甲烷、氮气、氩气、水蒸气和六氟化硫等单纯性窒息气体，可导致人体产生窒息的气体称为窒息性气体。窒息性气体是导致人体缺氧而窒息的气体，窒息性气体一般分为以下两大类，每类都有几十种。

（一）单纯窒息性气体

如氮气、二氧化碳、甲烷、乙烷、水蒸气等，这类气体的本身毒性很小或无毒，但因它们在空气中含量高，使氧的相对含量大大降低，吸入这类气体会造成作业人员动脉血氧分压下降，导致机体缺氧而窒息。

（二）化学窒息性气体

如一氧化碳、氰化氢、硫化氢等气体，能使氧在人的机体内运送和机体组织利用氧的功能发生障碍，造成全身组织缺氧。大脑对缺氧最为敏感，所以窒息性气体中毒首先主要表现为中枢神经系统缺氧的一系列症状，如头晕、头痛、烦躁不安、定向力障碍、呕吐、嗜睡、昏迷、抽搐等。

此外，化学窒息还可以进一步分为血液窒息性气体，如一氧化碳；细胞窒息性气体，如硫化氢、氰化氢、氟化氢等。

引发有限空间作业缺氧风险的典型物质有二氧化碳、甲烷、氮气、氩气等。

1. 二氧化碳（CO_2）

二氧化碳是引发有限空间环境缺氧最常见的物质。其来源主要为空气中本身存在的二氧化碳，以及在生产过程中作为原料使用和有机物分解、发酵等产生的二氧化碳。当二氧化碳含量超过一定浓度时，人的呼吸会受到影响。吸入高浓度的二氧化碳时，几秒内人会迅速昏迷倒下，更严重者会出现呼吸、心跳停止及休克，甚至死亡。

2. 甲烷（CH_4）

甲烷是天然气和沼气的主要成分，既是易燃易爆气体，也是一种单纯性窒息气体。甲烷的来源主要为有机物分解和天然气管道泄漏。甲烷的爆炸极限为5.0%～15.0%。当空气中甲烷浓度达25%～30%时，可引起头痛、头晕、乏力、注意力不集中、呼吸和心跳加速等，若不及时远离，可导致人窒息而死亡。甲烷燃烧产物为一氧化碳和二氧化碳，也可引起中毒或缺氧。

3. 氮气（N_2）

氮气是空气的主要成分，其化学性质不活泼，常用作保护气，防止物体暴露于空气中被氧化，或用作工业上的清洗剂置换设备中的危险有害气体等。常压下，氮气无毒，当作业环境中氮气浓度增高，可引起单纯性缺氧窒息。吸入高浓度氮气后，人会迅速昏迷、因呼吸和心跳停止而死亡。

4. 氩气（Ar）

氩气是一种无色无味的惰性气体，作为保护气被广泛用于工业生产领域，通常用于焊接过程中防止焊接件被空气氧化或氮化。常压下，氩气无毒，当作业环境中氩气浓度增高，会引发人单纯性缺氧窒息。氩气含量达到75%以上时可在数分钟内导致人窒息死亡。液态氩可致皮肤冻伤，眼部接触可引起炎症。

三、电力电缆有限空间的气体中毒事故

中毒是指毒物侵入人体引起全身性疾病。电力电缆有限空间内产生或积聚一定浓度的有毒气体，有些有毒有害气体是无味的，易使作业人员放松警惕，引发中毒、窒息事故；有些毒气体浓度高时对神经有麻痹作用（如硫化氢），反而不能被嗅到。

有限空间中有毒气体可能的来源包括：有限空间内存储的有毒物质的挥发，有机物分解产生的有毒气体，进行焊接、涂装等作业时产生的有毒气体，相连或相近设备、管道中有毒物质的泄漏等常见的有毒气体，如氯气、光气、硫化氢、氨气、氮氧化物、氟化氢、氰化氢、二氧化硫、煤气（主要有毒成分为一氧化碳）、甲醛气体等。一定浓度的这些气体被吸入后会引起人体急性中毒。

发生中毒窒息事故时，应及时汇报并拨打120急救电话进行呼救，同时应加强送风和气体检测，首先排除险情，抢救人员必须佩戴防毒面具，禁止盲目施救，防止抢救人员二次中毒。如果中毒时间短，可进行人工呼吸，并及时送往医院，可望获救。

四、电力电缆有限空间的坠物或坠人事故

许多电力电缆有限空间进出口距底部超过2m，一旦人员未佩戴有效坠落防护用品，在进出有限空间或作业时，有发生高处坠落的风险。高处坠落可能导致四肢、躯干、腰椎等部位受冲击而造成重伤致残，或是因脑部或内脏损伤而致命。

同时，有限空间外部或上方物体掉入有限空间内，以及有限空间内部物体掉落，可能对作业人员造成人身伤害。

五、电力电缆有限空间的动火作业爆炸、火灾事故

综合管廊内市政管道泄漏，电缆隧道、电缆沟有可能因年久失修，临近污水沟道等原因积聚的易燃易爆物质与空气混合形成爆炸性混合物，若混合物浓度达到其爆炸极限值，遇明火、化学反应放热、撞击或摩擦火花、电气火花、静电火花等点火源时，就会发生爆炸事故。

有限空间作业中，常见的易燃易爆物质有甲烷、氢气等可燃性气体，以及铝粉、玉米淀粉、煤粉等可燃性粉尘。

爆炸是物质在瞬间以机械功的形式释放出大量气体和能量的现象，压力的瞬时急剧升高是爆炸的主要特征。爆炸事故具有很大的破坏作用，爆炸的冲击波容易造成重大人员伤亡。同时，有限空间发生爆炸、火灾，往往瞬间或很快耗尽有限空间的氧气，并产生大量的有毒有害气体，造成严重后果。如瓦斯爆炸事故中有相当一部分人员为一氧化碳中毒死亡，不仅仅是爆炸冲击波造成的伤亡。

若电缆隧道、电缆沟临近燃气管道，可燃气体的泄漏、可燃液体的挥发和可燃固体产生的粉尘等和空气混合后，遇到电弧、电火花、电热、设备漏电、静电、闪电等点火源后，高于爆炸上限时会引起火灾，在有限空间内可燃性气

体容易积聚达到爆炸极限值，遇到点火源则造成爆炸，给有限空间内作业人员及附近人员造成严重伤害。

动力机械设备、燃油设备若违规在有限空间内使用，并未保持安全的距离以确保气体或烟雾排放时远离潜在的火源。焊接与切割作业时，焊接设备、焊机、切割机具、钢瓶、电缆及其他器具的放置，电弧的辐射及飞溅伤害隔离保护不符合有关规定易引发有限空间的动火作业爆炸、火灾事故。

六、电力电缆有限空间的机械伤害事故

电力电缆有限空间活动空间较小，工作场地狭小，易导致工作人员出入困难，相互联系不便，不利于工作监护和施救。有限空间作业过程中，可能涉及机械运行，如未实施有效关停，人员可能因机械的意外启动而遭受伤害，造成外伤性骨折、出血、休克、昏迷，严重的会直接导致死亡。

七、电力电缆有限空间的能量意外释放事故

有限空间在外力或重力作用下，可能因超过自身强度极限或因结构稳定性破坏而引发坍塌事故。人员被坍塌的结构体掩埋后，会因压迫导致伤亡。

同时，电力电缆有限空间是电力电缆运行的场所，一旦电力设备突发故障，发生爆炸，不仅爆炸冲击波造成伤亡，而且爆炸瞬间很快耗尽有限空间的氧气，并产生大量的有毒有害气体，会造成严重的后果。

八、电力电缆有限空间的其他伤害事故（光滑、高温高湿）

作业过程中，突然涌入大量液体，以及作业人员因发生中毒、窒息、受伤或不慎跌入液体中，都可能造成人员淹溺。发生淹溺后，人体常见的表现有面部和全身青紫、烦躁不安、抽筋、呼吸困难、吐带血的泡沫痰、昏迷、意识丧失和呼吸心跳停止。

作业人员长时间在温度过高、湿度很大的环境中作业，可能会导致人体机能严重下降。高温、高湿环境可使作业人员感到热、渴、烦、头晕、心慌、无力、疲倦等不适感，甚至导致人员发生热衰竭、失去知觉或死亡。

第二节　有限空间常见安全事故典型案例

1. 某公司一般触电伤害事故

某日 7 点 30 分左右，在某公司某罐区防腐施工过程中，一工人发现打磨机使用过程中电源中断，随后开始检查线路问题。7 点 50 分左右，找到原因是插座接触不好。某工人在未佩戴绝缘手套情况下，手持长约 20cm 的螺丝刀自行维修插座，螺丝刀刚接触到插座瞬间发生触电，工友立即拉闸断电，拨打了"120"急救电话并对伤者开展急救。闻讯到场人员指挥进行急救。8 点 30 分左右，"120"救护车赶到现场，现场工人用担架将伤者抬出，经医生抢救无效，死亡。

事故原因如下：

作业人员进行维修电源插座时未对配电盘内电源开关断开，在未断开电源开关情况下，也未采取其他安全措施，违章作业是事故发生的直接原因。由配电箱向罐内配电盘连接线路时，未采取接零保护措施，导致用电设备漏电时没有接零安全保护措施，这是事故发生的另一个直接原因。

防范措施如下：

（1）生产经营单位对应急救援工作应提高重视，健全制度，落实主体责任。

（2）加强安全培训工作，重点培训从业人员应急常识和自救互救能力。

（3）监护人员应在有限空间外持续监护，不得擅离职守，全程跟踪作业人员作业过程，保持信息沟通，发现有限空间气体环境发生不良变化、安全防护措施失效和其他异常情况时，应立即向作业人员发出撤离警报，并采取措施协助人员撤离。

（4）制订有针对性的应急救援预案，并进行培训和演练。

（5）配备自救器，防护装备、救援装备及时更新。

（6）接临时电源时，两人进行，并设专人监护。电气设备外壳接地良好，电源出口必须安装漏电保护器。每日工作前，检查漏电保护器是否正常。

2. 某公司中毒和窒息较大人身伤亡事故

某电力公司某 220kV 输变电线路建设工程发生一起人身伤亡事故，5 人死亡。专业分包某电力建设公司在塔基础浇筑施工过程中，1 名作业人员进入深 13.2m、直径 2m 的基坑绑扎固定探测管时发生窒息，随后又有 4 名作业人员依次进入基坑施救时也发生窒息，5 人经抢救无效死亡。

事故原因如下：

业主、总包、施工、监理等单位对深基坑、有限空间等重点危险作业风险辨识不清、过程管控不严、培训教育走过场。

防范措施如下：

（1）加强有限空间等高危险作业的现场安全管理及隐患排查治理。各电力企业要加强有限空间等高危险作业管理，加强对重要环节、关键部位、重点区域安全风险和隐患排查治理，强化高空作业、隧洞开挖、起重作业、脚手架使用、高大模板施工等高风险作业管控，保证作业现场安全。尤其是有限空间作业，要开展有针对性的专项安全培训。强化有限空间作业施工方案管理，严格执行有限空间作业审批要求，检查有限空间防护物资、应急物资配置和安全措施落实情况。作业前加强安全技术交底，设置专职监护人员，做好通信联络、事故预想、应急救援等相关工作，必须遵循"先通风、再检测、后作业"的原则，严禁擅自进入有限空间。

（2）培养作业人员良好的安全行为习惯。各电力企业要研究开展作业人员开工前"讲任务、讲风险、讲措施"的良好行为习惯。作业人员到达现场后，先核对作业地点、观察作业环境，再回想安全风险与措施，在头脑清醒、注意力集中的前提下，方可作业。日常要强化事故应急预案演练，发生事故要科学合理施救，方法不掌握、力量不充足、条件不具备时严禁盲目施救，避免事故扩大。

（3）严格执行作业审批制度，落实技术措施和防护措施，强化作业现场应急保障处置和安全教育培训。

3. 某地较大中毒和窒息事故

某地某公司在燃气闸井下发生中毒和窒息事故，造成 3 人死亡，直接经济损失 635.442 万元。

事故原因如下：

事发燃气闸井下属于严重缺氧环境，作业人员在未测定作业现场空气中的氧气和有害气体含量、未进行强制通风、未配备并使用隔离式呼吸保护器具、未使用安全带（绳）的情况下进入闸井时导致急性缺氧窒息死亡。

防范措施如下：

（1）深刻吸取事故教训，举一反三，全面加强有限空间作业管理，严格按照危险作业有关制度规定开展有限空间作业审批，坚决杜绝从业人员未经审批开展有限空间作业；及时配备齐全有限空间作业防护用品，确保劳动防护用品数量与实际作业需求相匹配；加强有限空间作业防护用品领用管理，督促、教育相关作业人员按照安全使用规则正确佩戴和使用。要强化从业人员安全教育培训，进一步完善安全教育培训记录，不断提升安全意识和安全操作技能；要根据本单位生产经营特点开展经常性检查，及时发现并消除重大事故隐患，有关检查整改情况要如实完整记录。

（2）要按照"三管三必须"❶的要求加强对所属生产经营单位的安全生产管理，督促所属企业认真汲取事故教训、切实落实安全生产主体责任，针对有限空间作业开展全面、深入的隐患排查治理；进一步强化危险作业现场管理和生产调度闭环管理，及时追踪赴现场作业人员工作情况，确保发生突发情况后第一时间开展应急处理；进一步强化有限空间等危险作业现场检查和监管，坚决杜绝违章作业行为。

（3）对有限空间作业点位加强巡视巡查，形成打击有限空间违规作业的高压态势；督促有关单位严格落实安全生产主体责任，严格按照有关国家标准和管理制度开展有限空间作业行为，坚决杜绝违章作业现象；强化有限空间作业安全培训和案例警示教育，不断提升从业人员有限空间作业安全意识和安全操作技能。

4. 某船舶公司一般高处坠落事故

事发日，位于某公司浮船坞7P—边压载舱内，外协单位船舶公司发生一起高处坠落事故，造成1人死亡，直接经济损失约80万元。

事故原因如下：

作业人员在美国浮船坞7P—边压载舱内检修作业结束后，未按正常出舱路线出舱，沿水平桁直接出舱。因涂装作业结束后，水平桁层面上减轻孔周围

---

❶ "三管三必须"：管行业必须管安全、管业务必须管安全、管生产经营必须管安全。

脚手板已拆除，存在坠落风险，作业人员的冒险行为导致事故发生。

防范措施如下：

进入工井、电缆沟作业前，施工区域设置标准路栏，并设置警示牌和告示牌，夜间施工使用警示灯。无盖板的电缆沟、沟槽、孔洞，以及放置在人行道或车道上的电缆盘，设遮栏和相应的交通安全标识，夜间设警示灯。井口上、下用绳索传送工器具、材料，并系牢稳，严禁上、下抛物。

5. 某公司燃爆事故

事发日，某公司 10 万 m^2 调节池上方外包作业人员违规用氩弧焊对除臭设施风管漏点进行焊接施工时发生燃爆，造成 3 人死亡，3 人受伤，5、6 号池顶盖坍塌，池顶除臭装置损坏，直接经济损失约 1800 万元。

事故原因如下：

作业人员不了解作业的风管内充满易燃易爆的混合气体，未办理动火作业证，在没有对需作业的不锈钢管道进行隔离、清洗、置换、监测的情况下，进行氩弧焊作业是导致事故发生的直接原因。

防范措施如下：

强化企业安全生产主体责任落实。企业要认真落实安全生产主体责任，强化安全生产风险分级管控和隐患排查治理双体系建设，强化外包队伍管理、作业管理。生产经营单位要建立健全并严格执行安全生产规章制度、操作规程，全面细致地组织风险辨识，落实管控措施，扎实开展隐患排查治理，严格执行作业审批，坚决杜绝违章操作。

举一反三，防范类似事故发生。要加大培训力度，提高社会面对有限空间动火作业的重视，认清有限空间动火作业危害因素的复杂性和风险的巨大性，将有限空间动火作业纳入高危作业管理。

严格执行有限空间动火作业技术措施，具体如下：

（1）无通风亭或气体检测不合格的电缆隧道应至少打开两处井口，井口围栏上设置警示、设专人看护，应配置 2 台通风设备进行强制通风。

（2）进入隧道最少两人一组，携带气体检测仪、防爆手电或头灯、对讲机、防毒面具（人手一套），另外设置一名监护人应在有限空间外持续监护，并用泵吸式气体检测仪对作业环境进行监护检测。

（3）有限空间作业现场的氧气含量应在 19.5% ~ 23.5%。有害有毒气体、可燃气体、粉尘容许浓度应符合国家标准的安全要求，不符合时应采取清洗或置换等措施。（一氧化碳：30mg/m^3 或 0.2ppm；硫化氢：30mg/m^3 或 0.2ppm；可燃气体：10%LEL）

（4）检测时间要求。有限空间作业：在氧气浓度、有害气体、可燃性气体、粉尘的浓度可能发生变化的环境中作业，应保持必要的测定次数或连续检测。检测的时间不宜早于作业开始前 30min。作业中断超过 30min，应当重新通风，检测合格后方可进入。

（5）动火作业。一级动火工作的过程中，应每隔 2 ~ 4h 测定一次现场可燃气体、易燃液体的可燃蒸汽含量是否合格，当发现不合格或异常升高时应立即停止动火，在未查明原因或排除险情前不准动火。

（6）如气体检测不合格，作业人员必须马上撤出。

（7）作业地点配置正压隔绝式逃生呼吸器（作业人员每人一套），每个作业地点配备 2 个 8kg 干粉灭火器；并设专人监护。

（8）有限空间工作完毕撤出时应清点人数。

（9）有限空间外配备至少 2 套正压式呼吸器，监护人一旦长时间与巡视人员联系不上，立即报警并立即呼叫增援，救援人员佩戴正压式呼吸器，进入后要时刻关注空气呼吸器内的氧气含量，预留出撤回时所需要的供气量。救援人员应注意身体状况，如感觉身体不适，应立即退出休息或接受治疗。

（10）喷灯使用前发现漏气，禁止使用。禁止放在火炉上加热。充气气压不应过高。燃着后禁止倒放。在易燃物附近，禁止使用喷灯。作业场所应空气流通。在带电区附近使用喷灯时，火焰与带电部分的距离应满足足够的安全距离。液化气喷灯在室内使用时，应保持良好的通风，以防中毒。喷灯使用完毕应及时放气，并开关一次油门，以避免油门堵塞。

（11）有限空间作业中发生事故，现场有关人员应当立即报警，禁止盲目施救。应急救援人员实施救援时，应当做好自身防护，佩戴必要的呼吸器具、救援器材。

6. 某地铁工程入口基坑土方事故

某地铁某标段东北出入口基坑，施工单位的土方作业队队长指派本队作业人员伏某带工，由尚在参加取证培训且未取得操作证的张某某操作电动葫芦。张某某等六人进行基坑土方开挖施工，施工现场开挖深度为地面标高以下9.5m，提升架为五跨连续梁，安装两台5t电动葫芦作为提升设备提升土方。

当天9时25分，基坑内有6名工人正在挖土作业，只利用南侧的一台电动葫芦提升土方。当电动葫芦吊着一个1.2m×1.2m×1.2m装有2.75t土的土斗在上升约9.7m时，张某某提前进入危险区域清土，此时电动葫芦突然发生机械故障，机械传动失灵、制动不起作用，造成土斗突然下落至地面并倾倒压住张某某致其死亡。

事故原因如下：

（1）施工现场违反《起重机械安全监察规定》，在起重设备没有完成检测的情况下盲目使用，以致电动葫芦减速器输入轴变形，引发机械传动失灵、制动不起作用，造成土斗突然下落。

（2）施工作业人员张某某安全意识淡薄、思想麻痹，盲目进入施工危险区域。

（3）施工作业人员张某某严重违反《起重机械安全监察规定》，在尚未取得操作证的情况下，操作起重设备。

（4）总包单位对分包单位的安全管理不到位，未及时发现和制止分包单位使用无检测报告的起重设备，以及无操作证件的特种设备操作人员。

防范措施如下：

（1）总包单位使用起重机械应严格遵守《起重机械安全监察规定》的有关规定，起重机械必须经地、市劳动部门检验合格，作业人员持有劳动部门考核签发的安全操作证，并建立各项安全管理制度，加强机械设备管理。

（2）加强对现场施工人员的安全教育，提高其安全生产意识及自我防护意识，特别是在安全交底和班前讲话中着重讲解施工过程中存在的安全隐患，并做好作业人员的签字确认工作。

（3）加强现场安全检查力度，杜绝起重机械操作人员无证上岗。严格执行交接班制度，接班人员必须对现场机械实际情况了解清楚后方可操作。

（4）加强施工现场的安全管理，对危险性较大的作业现场设安全管理人员旁站监管，及时查处安全隐患。

7. 某地某公司一般触电死亡事故

事发日，在某公司的退火炉车间发生一起触电事故，造成 1 人死亡。

事故原因如下：

作业人员在退火炉基坑内存在积水情况下，未辨识是否存在电气线路浸水漏电而导致触电的风险，没有切断电气设备电源，就趴在地面直接伸手对积水中的水阀进行操作（推断）。因电气线路漏电，导致积水带电。作业人员在接触积水瞬间因触电失去知觉后跌入维修孔内，最终死亡。

防范措施如下：

（1）建立健全有关用电安全的规章制度，并做好贯彻落实。

（2）加强对员工，尤其是新员工入职时的用电安全教育。

（3）在危险电器上或周边设置安全警示标识。

（4）不使用和不安装不符合国家安全规范要求的不合格电器。

（5）对电器进行定期检查、保养和维护，发现安全隐患问题及时整改。

（6）应制订发生突发电气触电事故的应急预案，发生事故时，应及时做好触电人员的紧急救护工作，并保护好事故现场。

（7）发生触电事故后，应本着"四不放过"的原则，总结事故教训，举一反三，避免事故的再次发生。

8. 其他事故

（1）某公司员工在某炼铁厂炼焦分厂生产作业时，发生一起灼烫事故，造成 1 人死亡。

事故原因如下：

1）直接原因。作业人员通过人孔进入旋转密封阀内部，因内部温度较高，吸入炙热气体倒在焦炭面上，导致灼烫。

2）间接原因。

a. 未严格遵守相关安全生产规章制度和操作规程。作业人员在未开具有限空间作业许可手续的情况下，进入受限空间内作业。

b. 安全生产责任制落实不力。班组长未严格执行单位安全生产规章制度，作业前未按企业规定到现场列队交底及高危项目"指唱"确认工作；现场检修项目安全责任人在检修作业中未能及时发现作业人员违章作业的情况。

c. 管理人员履职不力。管理人员对班组长未按照企业规定到现场确认和安全交底情况失察。

d. 生产经营单位未能督促从业人员严格执行本单位的安全生产规章制度和操作规程。

（2）事发日，某清洁公司工人污水井进行清理检修作业时溺水死亡。

事故原因如下：

工人在有限空间（污水井）作业时违反操作规程，在没有佩戴任何安全防护装备的情况下，下井作业，结果掉落井中溺水身亡，这是造成这起事故的直接原因。

防范措施如下：

加强现场隐患排查力度，及时发现并消除安全隐患，对工程施工审批流程严格把控，规范作业流程，杜绝类似未审批作业票擅自开工的情况，严格审查劳务单位及人员的资质、资格证书加强现场监管，规范用工管理，坚决制止私招、乱雇现象，所有新员工入场作业前必须进行严格的安全教育，并经考试合格后取得相关资质证书，针对薄弱环节和存在问题，完善各项规章制度和安全生产责任制。

（3）某地某纸业公司中毒事故（工贸行业，硫化氢中毒事故）。

事发日，某纸业公司环保部门主任安排 2 名车间主任组织 7 名工人对污水调节池（事故应急池）进行清理作业。当晚，23 时，有 3 名作业人员吸入硫化氢后中毒晕倒，池外人员见状立刻呼喊救人。先后有 6 人下池施救，其中 5 人中毒晕倒在池中，1 人感觉不对自行爬出。经公司内部组织救援，共救出 5 人。消防救援人员赶到后，救出其余 3 人。事故造成 7 人死亡、2 人受伤，直接经济损失约 1200 万元。事后，该公司法定代表人、生产部负责人、人事行政部经理、安全管理人员、环保部门主任和污水处理班班长 6 名涉事人员被移送司法机关处理，对该公司予以行政处罚。

事故原因如下：

1）未履行作业审批手续，未明确监护人员及其安全职责。

2）作业前，未检测、未通风，作业人员未佩戴个体防护用品，违规进入污水调节池作业。

3）事故发生后，现场人员盲目施救造成伤亡扩大。

4）安排未经培训合格的人员上岗作业。

5）应急演练缺失，人员缺乏应急处置、自救和互救能力。

（4）某地市某食品公司中毒事故（工贸行业，硫化氢中毒事故）。

事发日，某食品公司1名员工发现腌制池发臭，遂安排另2人清洗腌制池。2人使用抽水泵抽水20min后，抽水泵进水口被覆盖在池边缘的塑料膜堵住，污水无法抽出。其中1人在未采取任何防护措施的情况下，下池捅破塑料膜，在爬上腌制池的过程中因吸入池底污水产生的硫化氢而中毒晕倒，摔入池内。池上另1人和后赶来的1名村民分别下池救援，随即中毒晕倒。经其他村民和消防救援人员共同救援，3人被救出。事故造成3人死亡，直接经济损失230余万元。事后，该公司法人代表被移送司法机关依法追究其刑事责任。

事故原因如下：

1）未进行有限空间辨识，未在腌制池清理作业场所设置安全警示标识。

2）现场未配备相应的安全防护设备、个体防护用品和应急救援装备。

3）未采取检测、通风、个体防护等措施，冒险下池作业。

4）事故发生后，现场人员盲目施救导致伤亡扩大。

5）未制订应急救援预案并组织演练。

6）作业人员未接受有限空间作业专项安全培训。

（5）某地某石油化工公司较大爆炸事故（化工行业，燃爆事故）。

事发日，某公司（承包单位）安排作业人员对某石油化工公司（发包方）苯罐进行维修。作业前，发包方作业人员对罐内氧气、可燃气体进行检测并记录检测数据为合格，但承包方和发包方现场相关管理人员在均未对检测数据进行核实、未检查人员个体防护用品佩戴和工器具携带等情况下签字同意承包商作业人员进罐开始作业。当天下午，承包方作业人员开展浮箱拆除作业，但该项作业并非作业方案中的内容。被拆除的浮箱组件中有苯泄漏到储罐底板且未被及时清理，苯蒸气与罐内空气混合形成爆炸环境。作业过程中，作业人员使用非防爆工具产生点火能量，发生闪爆，造成苯罐内6人当场死亡。事故直接经济损失约1166万元。事后，共有20余人受到不同程度的处罚，其中对某公司项目部负责人和作业负责人、某石油化工公司生产部公用工程装置维护机械工程师移送司法机关依法追究其刑事责任，两家公司法定代表人均处以上一年收入 40% 的罚款，对其他相关人员分别予以撤职、降职、记过、警告等行政处罚。

事故原因如下：

1）发包方方面，发包管理缺位，特殊作业管理流于形式。检测人员未规范检测，检测仪伸缩杆配置不到位，未检测到罐内实际气体浓度；现场管理人员在未认真核查检测情况下，未督促承包方作业人员落实防护措施的情况下就同意承包方开始作业；相关管理人员在知道作业内容发生重大变化的情况下，未通知承包方修改施工方案，且未及时要求停止作业。

2）承包方方面，作业前未对作业人员进行安全交底；作业过程中未进行气体检测，人员未使用防爆工具；作业时未配备和使用符合要求的劳动防护用品；作业内容发生变化后，在未变更作业方案的情况下继续实施作业。

防范措施如下：

加强高风险环境作业人员防护装备的配备。

（6）某地市某化工公司较大中毒事故（化工行业，一氧化碳中毒事故）。

某地市某化工公司因脱硫塔内部防腐层脱落和塔体泄漏比较严重，委托重庆某公司进行检修。事发日，某公司工程负责人和 1 名临时雇用的现场负责人带领 15 名工人陆续来到现场准备作业。作业前，盲目排放脱硫液造成液封失效，憋压在循环槽上部空间的煤气冲破液封进入塔内。作业人员在未进行检测和通风的情况下，分别进入上、下段塔内进行作业，其中 4 人因吸入一氧化碳晕倒在塔内，1 人感觉不适及时出塔。现场组织救援，在上段成功救出 1 人，但在下段救援中，使用呼吸器（损坏无法使用）和安全绳多次施救未果；后经消防救援人员救出受困的 3 人，但均已死亡。事故直接经济损失约 402 万元。事后，对该公司法定代表人、总经理等 10 人移送司法机关追究刑事责任，对生产科科长等 4 人予以行政处罚，对该公司依法予以行政处罚并纳入联合惩戒对象，暂扣其危险化学品安全生产许可证 6 个月；将该公司纳入联合惩戒对象，吊销其营业执照。

事故原因如下：

1）事发企业增加处理设备后无设计、施工资料，未开展变更后的安全风险分析，致使作业时未采取有效隔离措施；现场配置的呼吸器故障，致使初期救援失败；未审核并发现某公司不具备施工资质；施工前未编制施工方案，未审核施工方案；未进行专项安全培训；未对施工进行安全监管。

2）事发公司非法签订其经营许可范围以外的工程合同；施工前未对临时雇用人员进行针对性的安全培训，施工中，未提供符合标准的劳动防护用品；未向江苏省徐州市某化工公司提出有限空间作业许可申请；未安排现场监护。

（7）某地市某热力公司较大窒息事故（城市运维行业，缺氧窒息事故）。

某年，某地市某热力公司检修维护中心发现供热一次管网注水异常后，随即安排东区班组办理相关审批手续，分别组织 2 组人员对一次管网进行查漏巡检。15 时 20 分左右，其中 1 组巡检组的 1 名作业人员下井后缺氧窒息晕倒，同组另外 2 人陆续下井施救均晕倒。另 1 组巡查至现场发现异常后，拨打救援电话并开展救援，成功救出 2 人，消防救援人员赶到后救出第 3 人。事故造成 3 人死亡，直接经济损失约 305.8 万元。事后，对该公司总经理处以上一年收入 40% 的罚款，对 8 名负有直接责任或领导责任的人员予以记过、严重警告、警告等不同程度的行政处罚，对该公司处以 60 万元行政处罚。

事故原因如下：

1）未严格审批，现场未配备安全防护设备、个体防护用品和应急救援装备。

2）发生险情后，未采取任何防护措施，盲目施救，导致伤亡扩大。

3）安全培训未落实，人员缺乏相应的安全防护和应急救援能力。

（8）某地市某管网工程较大中毒窒息事故（建筑行业，硫化氢中毒事故）。

事发日，某市政工程有限公司（施工单位）中标某开发区某非开挖修复工程项目，项目由某项目管理有限公司进行监理。某市政工程有限公司将项目部分配套工程（点修补）口头安排给某分公司，该分公司又将作业再次口头安排给某公司（实际施工单位）。事发日，某施工公司 8 名人员前往某地经济开发区纬五路与经三路交叉口处开展施工作业。抽水后，井下水位已经达到清淤作业条件，作业人员使用水枪对井下进行管道冲洗清淤。10 时 58 分，因水枪枪头位置不当需要调整，1 名作业人员在未通风、未检测及未佩戴安全带、安全绳和呼吸防护用品的情况下，仅穿戴防水衣和安全帽下井作业，因吸入硫化氢气体中毒晕倒。井上人员发现后，在没有任何安全防护的情况下，有 2 人接连进入井内施救，均晕倒在井内，后经消防救援人员将 3 人救出，但均已死亡。事故直接经济损失约 400 万元。事后，对该公司法定代表人处以上 1 年收入 40% 罚款的行政处罚。

事故原因如下：

1）某市政工程有限公司方面，未认真履行安全生产主体责任。项目经理等管理人员未能全部在岗履行职责，将部分辅助工程以口头形式安排给分公司，后分公司再次口头转交。转交后，未对实际施工单位相关施工班组进行安全交底和现场管理。

2）某公司方面，未对作业人员进行有限空间作业安全培训，未配备必需的安全防护设备、个体防护用品和应急救援装备。作业人员未检测、未通风、未使用个体防护用品违规下井作业，事故发生后，盲目施救导致伤亡扩大。

3）某项目管理有限公司方面，未认真履行监理职责，项目总监理未履行总监职责，未到过施工现场，仅安排一名不具备监理职业资格的人员进行监理工作，并以项目总监名义签署相关监理文件。

第三节　有限空间安全事故防范措施

防范有限空间安全事故措施主要从以下方面入手，即广泛开展有限空间作业安全宣传和教育、认真做好有限空间作业人员的安全和教育培训、强化风险排查辨识、制定并完善有限空间作业安全管理制度并严格执行、严格落实现场作业安全技术措施、制订应急救援预案，配备应急器材，遇险时科学施救等，具体如下：

一、广泛开展电力电缆有限空间作业安全宣传和教育

有限空间作业涉及众多行业、领域和人们的日常生活，因此加强全民安全知识和安全意识宣传教育，是防范有限空间作业安全事故的重要手段，采取措施如下：

（1）充分利用广播、电视、网络、报纸、杂志、宣传栏、专题培训班、

专题讲座等各种可以利用的形式，宣传有限空间作业的危险性和防范事故的方法。

（2）充分发挥专家和专业协会的作用，指导和帮助电力电缆相关作业单位开展防范中毒窒息事故的安全培训，提高从业人员应急处置能力。

二、认真做好电力电缆有限空间作业人员的安全培训

安全培训是安全生产管理工作中一个相当重要的组成部分。从物的方面来说，对有限空间的危害可以采取各种相应的防护措施进行预防，而培训则是着眼于人的方面。由于人的违规操作，或者欠缺相关知识与技能，或者缺乏经验等，使得目前绝大多数事故的发生源于人自身的原因。应对有限空间作业负责人员、作业者和监护者开展安全教育培训，每年至少组织 1 次有限空间作业安全再培训和考核，并做好记录。

对于电力电缆有限空间的培训，应涉及以下内容：

（1）电力电缆有限空间的特点及危害。

（2）电力电缆有限空间的危害识别与控制。

（3）发生危害时的表现与症状。

（4）电力电缆有限空间的进入程序。

（5）电力电缆有限空间的气体监测。

（6）相关人员（如进入主业人员、现场监护人员和劳务外包人员）的职责。

（7）个人防护用品的使用。

（8）事故应急救援措施与应急预案等。

培训应在以下时机安排进行：

（1）在被授权可以进入有限空间作业前。

（2）电力电缆有限空间进入程序有变化。

（3）单位负责的电力电缆有限空间的危害有变化。

（4）管理单位有理由相信人员未遵守相关程序要求。

（5）应急救援人员的定期培训。

三、强化风险排查辨识

（1）现场标准化作业要做到"四到位"，即人员到位、措施到位、执行到位、监督到位；现场人员要做到"四清楚"，即作业任务清楚、危险点清楚、作业程序清楚、安全责任清楚。

（2）工作负责人每日开工前组织全员安全交底，在工作票上逐一签字确认，危险点、措施不清楚不作业。高风险工序开工前，应再次进行专项安全、技术交底。

（3）开展电力电缆有限空间排查。各级有关部门要组织有限空间权属单位对电缆隧道、电缆沟等地下有限空间进行全面排查，逐一登记造册，建立管理台账。

（4）全面开展风险辨识。权属单位要组织专业力量进行全面风险辨识与评估，明确有限空间名称、位置、类型和危险因素等基本信息，根据危险因素种类、参数和特性，制定风险管控措施，全面完成安全风险辨识与评估工作，全部设置或更新标识牌。

四、制定、完善、严格执行电力电缆有限空间作业安全管理制度

1. 建立健全有限空间作业安全生产责任制

建立健全有限空间作业安全生产责任制，明确进入有限空间作业负责人、作业者、监护者职责；组织制订专项作业方案、安全作业操作规程、事故应急救援预案、安全技术措施等有限空间作业管理制度；督促、检查本单位有限空间作业的安全生产工作，落实有限空间作业的各项安全要求，强化作业审批。作业前，权属单位或实施作业单位编制详实的作业方案，明确现场人员职责、安全措施、操作流程等，并经本单位安全生产管理人员审核、负责人批准。未经审核和批准的地下有限空间作业，一律不得实施。

对作业的全过程（包括计划安排、现场勘查、两票执行、现场安全措施落实、关键点防人身风险分析及预控措施执行等）进行检查确认，对存在的问题及时提出整改意见并督促完成整改闭环。

对到岗到位管理人员履职情况、现场各项管理标准制度落实情况、各层级

人员责任落实情况、现场关键点的防人身风险措施落实情况等进行监督检查。

2. 作业前认真进行危害辨识

（1）是否存在可燃气体、液体或可燃固体的粉尘发生火灾或爆炸而引起正在作业的人员受到伤害的危险。

（2）是否存在因有毒有害气体或缺氧而引起正在作业的人员中毒或窒息的危险。

（3）是否存在因任何液体水平位置的升高而引起正在作业的人员遇到淹溺的危险。

（4）是否存在因固体坍塌而引起正在作业的人员掩埋或窒息的危险。

（5）是否存在因极端的温度、噪声、湿滑的作业面、坠落、尖利的物体等物理危害而引起正在作业的人员受到伤害的危险。

（6）是否存在吞没腐蚀性化学品带电等因素而引起正在作的人员受到伤害的危险。

3. 作业前实施隔断（隔离）、清洗、置换通风

隔断（隔离）即采取措施针对能源的释放和材料进入空间对许可空间进行保护和拆除许可空间与外部管路的连接过程，如加盲板；拆除部分管路；采用双截止阀和安全放空系统；所有动力源锁定和挂牌；阻塞和断开所有机械连接。

对实施作业的有限空间进行清洗、置换通风，使作业空间内的空气与外界相同，这样可以排除累积、产生或挥发出的可燃气体、有毒有害气体，保证作业环境中的氧含量，从而保证作业人员安全。

4. 作业前严格进行取样分析

对作业空间的气体成分，特别是置换通风后的气体进行取样分析，对各种可能存在的易燃易爆、有毒有害气体、烟气及蒸气、氧气的含量要符合相关的标准和要求。

5. 安排专人进行作业安全监护

（1）进入有限空间作业要安排专人现场监护，并为其配备便携式有毒有害气体和氧含量检测报警仪器、通信、救援设备，不得在无监护人的情况下作业。

（2）作业监护人应熟悉作业区域的环境和工艺情况，有判断和处理异常

情况的能力，掌握急救知识。

（3）进入一氧化碳、光气、硫化氢等无特殊气味且有毒、剧毒气体作业场所（现场安装）都应该佩戴便携式有毒有害气体检测仪器。

6. 保证安全投入

进入电力电缆有限空间作业，必要时按规定佩戴适用的个体防护用品器具。在特殊情况下，要佩戴隔离式防护面具。作业人员应定时轮换，作业单位可根据作业现场情况，确定作业轮换时间。

应使用安全电压和安全行灯，应穿戴防静电服装，使用防爆工具。

7. 进入有限空间作业必须严格遵守检查确认程序

进入有限空间作业检查确认程序如表 8-1 所示。

表 8-1　　　　　　　　　进入有限空间作业检查确认程序

序号	作业检查	对策措施	备注
1	特种作业人员是否持证上岗	特种作业人员必须持有有效的特种作业证	
2	劳保着装是否规范	必须戴安全帽、防护眼镜、防护手套、穿工作服、劳保鞋，若进入有腐蚀介质的有限空间，必须穿戴防腐工作服、防腐面具、防腐鞋及手套	
3	作业人员和监护人员是否了解现场情况，清楚潜在的风险	作业前，必须进行安全教育。生产单位必须与施工单位进行现场检查交底，施工单位负责人应向施工作业人员进行作业程序和安全措施交底	
4	是否制定相应的作业程序、安全规范和应急措施	进入有限空间作业前，监护人员和作业人员必须熟知紧急状况时的逃生路线和救护方法，监护人与作业人员约定的联络信号。作业现场应配备一定数量的、符合规定的救生设施和灭火器材等	
5	是否严格执行"三不进入"	没有办理进入有限空间作业许可证不进入；安全防护措施没有落实不进入；监护人不在现场不进入	
6	进入有限空间作业前，是否已做好工艺处理	将有限空间吹扫、蒸煮、置换合格，所有与其相连且可能存在可燃可爆、有毒有害物料的管线、阀门应加盲板隔离，盲板处应挂牌标识	
7	对盛装过能产生自聚物的设备容器，是否做过加热试验	对盛装过能产生自聚物的设备容器，作业前应进行工艺处理，采取蒸煮、置换等方法，并做聚合物加热试验	

续表

序号	作业检查	对策措施	备注
8	在缺氧、有毒环境中，是否佩戴隔离式防毒面具	在特殊情况下，作业人员可戴供风式面具、空气呼吸器等。使用供风式面具时，供风设备必须安排专人监护	
9	进入有限空间作业是否使用安全电压和安全行灯	进入金属容器（炉、塔、釜、罐等）和特别潮湿、工作场地狭窄的非金属容器内作业，照明电压不大于12V；当需要使用电动工具或照明电压大于12V时，应按规定安装漏电保护器，其接线箱（板）必须放置在容器外部	
10	是否使用卷扬机、吊车等运送作业人员	进入有限空间作业，不得使用卷扬机、吊车等运送作业人员，作业人员所带的工具、材料须进行登记	
11	是否是易燃易爆环境	在易燃易爆环境中，应使用防爆电筒或电压不大于12V的防爆安全行灯，行灯变压器不得放在容器内或容器上；作业人员应穿戴防静电服装，使用防爆工具	
12	取样分析是否有代表性、全面性	有限空间容积较大时，应对上、中、下各部位取样分析，保证有限空间任何部位的有害物质含量合格	
13	带有搅拌器等转动部件的设备，在断电后是否采取了必要的安全防范措施	带有搅拌器等转动部件的设备，应在停机后切断电源，摘除保险，并在开关上挂上"禁止合闸、有人工作"警示牌，必要时拆除转动部件与电机连接的联轴器	
14	是否存在交叉作业	应有防止交叉作业层间落物伤害作业人员的安全措施	
15	是否有防止人员误入的措施	在有限空间入口处应设置"危险！严禁入内"警告牌或采取其他封闭措施	
16	作业场所照明光线是否不良或过度	按照国家标准设置照度	
17	设备的出入口内外是否保证其畅通无阻	设备的出入口内外不得有障碍物，保证其畅通无阻，便于人员出入和抢救疏散	
18	有限空间内的通排风是否良好	作业的有限空间内，可采用自然通风。必要时可用通风机、鼓风机强制抽风或鼓风，但严禁向内充氧气	
19	进入有限空间需要进行登高、动火等作业，是否按相应规定办理了作业许可手续	按规定办理相关作业许可	

五、严格落实现场作业安全技术措施

严格落实"先通风、再检测、后作业"的基本要求。地下有限空间作业必须配备齐全作业所需的通风、检测、照明、通信、应急救援等设备设施,严格落实作业安全技术规程,严禁通风不合格、检测不合格作业。

六、制订应急救援预案

救援人员必须经过专业培训,培训内容包括有限空间作业事故应急预案、基本的急救知识、心肺复苏术、个人防护用品的使用及进入有限空间要求掌握的专业知识等。培训必须保留相关记录。单位如无培训条件可由外部专业培训机构提供相关培训。考虑有限空间作业所有的可能性,确定正确的实施步骤。通过演练提高救援人员的应急处置能力,并通过演练发现问题,不断修改,实现持续改进。

在实施有限空间作业前,相关人员应在危险辨识,风险评价的基础上,结合法律法规、标准规范的要求,在作业之前针对本次作业制订严密的、有针对性的应急救援计划,明确紧急情况下作业人员的逃生、自救、互救方法。同时,配备必要的应急救援器材,防止因施救不当造成事故扩大。

严禁无监护措施作业。作业过程中,现场负责人必须全过程组织指挥,监护人员必须监督作业方案执行并始终与作业人员保持联系,不得擅自离岗,一旦发现有人员身体不适等情形,要立即停止作业并撤离全部人员。

现场作业人员、管理人员等都要熟知预案内容和救护设施使用方法。要加强应急救援预案的演练,使作业人员提高自救、互救及应急处置的能力。应急救援将在第九章进行详细介绍。严禁盲目施救。作业现场必须配备应急装备,设置警示标志。一旦发生险情,要立即启动应急预案,严禁不佩戴任何防护装置进入有限空间施救,严防外来人员进入作业区域,防止伤亡人数扩大。

第九章

电力电缆有限空间安全事故应急救援与现场急救

第一节 有限空间事故应急救援体系

为切实保障有限空间现场作业人员人身安全，进一步提升有限空间现场作业人员受困应急救援能力。本节根据《缺氧危险作业安全规程》（GB 8958—2021）、《电力行业缺氧危险作业监测与防护技术规范》（DL/T 1200—2013）和《有限空间作业安全指导手册》（应急厅函〔2020〕299 号）等有关标准和规定，结合实际情况，阐述有限空间事故应急救援体系组织架构及职责、救援工作组织、有限空间救援技术、救援力量建设、救援机制运转等应急管理建议，规范电力行业有限空间作业现场事故救援工作开展。

1. 应急救援组织架构

发生有限空间重大事故后，必须第一时间将事故发生过程、人员伤亡状况及应急处置措施等情况上报至本单位应急救援指挥部，由总指挥牵头指导设立事故现场应急救援指挥部，督导现场事故应急救援行动有序开展。应急救援指挥部下设现场救援组、技术方案组、后勤保障组、安全监督组四个救援小组。组长由应急救援指挥部指定专人担任，成员由四个应急救援小组抽调人员组成。有限空间安全事故应急救援组织架构如图 9-1 所示。

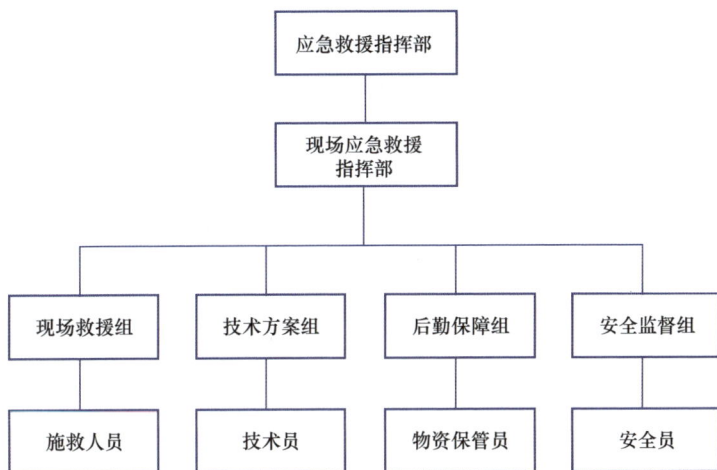

图 9-1　有限空间安全事故应急救援组织架构

2. 安全职责与履责要求

（1）应急救援指挥部安全职责与履责要求如表 9-1 所示。

表 9-1　　　　　　　　　应急救援指挥部安全职责与履责要求

序号	安全职责	履责要求
1	负责事故应急救援总体调度、决策	（1）发生事故时，发布、解除应急救援命令、信号； （2）会审、决策救援方案和措施，指挥救援工作； （3）向上级部门通报事故进展； （4）必要时，向各有关单位发出紧急救援请求
2	负责事故调查、总结	（1）全面分析事故发生原因，撰写事故调查报告； （2）总结应急救援与现场急救提升措施，优化有限空间应急预案； （3）及时并如实报告生产安全事故
3	负责有限空间应急救援教育，组织应急预案演练	（1）组织学习有限空间典型事故案例，吸取事故经验教训； （2）学习传达有限空间相关法律法规、上级规章制度和重要会议精神； （3）制订完善应急预案和现场处置方案，并定期开展救援技能培训、事故应急演练
4	保证应急救援费用正常投入，救援物资储备充足	（1）确保安全资源有效配置，设置应急救援小组，配备应急救援人员、储备应急救援物资； （2）审批签发应急救援资金预算； （3）核查应急救援资金使用情况

（2）现场应急救援指挥部安全职责与履责要求如表 9-2 所示。

表 9-2 　　　　　　现场应急救援指挥部安全职责与履责要求

序号	安全职责	履责要求
1	组织实施应急救援指挥部制订的应急预案	（1）组织现场救援力量和物资装备，执行现场救援措施； （2）必要时果断采取应变措施，防止事故扩大
2	负责现场应急救援的具体指挥工作	（1）快速响应应急预警信息，执行现场应急救援预案； （2）落实现场救援技术安全措施，保证事故现场处置安全有序； （3）监督检查各项救援工作的安全措施落实情况
3	负责协调现场救援力量，更新救援工作进展	（1）协调和安排外部救援单位的现场救援工作； （2）及时向应急救援指挥部及上级部门汇报救援工作进展
4	负责应急救援善后工作	救援工作结束后，恢复安全生产

（3）技术方案组安全职责与履责要求如表 9-3 所示。

表 9-3 　　　　　　技术方案组安全职责与履责要求

序号	安全职责	履责要求
1	负责维护管理有限空间相关台账资料	（1）梳理有限空间台账现状，把控增量信息，建立有限空间作业基础台账； （2）建立台账日常检查制度，做好台账信息校核检查
2	负责开展有限空间作业专项教育培训	（1）组织开展有限空间作业相关管理制度标准和规程规范等教育培训； （2）组织推广应用先进的有限空间应急救援安全技术和装备
3	负责汇编典型事故案例，修订应急救援预案	（1）汇总有限空间典型事故案例等，编制事故经验教训学习资料； （2）起草应急救援预案，完成年度修订工作
4	负责配合开展事故现场应急救援工作	根据事故现场具体情况，制订应急救援技术方案和措施； 收集整理有关事故处理信息资料，提供事故报告需要的相关数据； （3）配合应急救援指挥部，编制事故调查报告
5	负责制定恢复生产安全措施	事故救援结束后，制定恢复生产相关措施

（4）现场救援组安全职责与履责要求如表9-4所示。

表9-4　　　　　　　　　现场救援组安全职责与履责要求

序号	安全职责	履责要求
1	负责响应现场应急指挥部命令，做好应急救援准备	（1）参加应急救援预案培训和预案演练，做好应急救援准备； （2）及时响应事故应急预警，确定与现场应急指挥部的沟通方式
2	负责参加应急救援全过程	（1）了解存在的危险因素，在保证安全的情况下，在有限空间实施救援工作； （2）根据批准的事故处理流程，执行应急救援方案； （3）安全转移有限空间内受伤人员，对伤员实施救护
3	负责汇报现场救援进展情况	明确救援任务节点，及时汇报救援工作开展情况。

（5）安全监督组安全职责与履责要求如表9-5所示。

表9-5　　　　　　　　　安全监督组安全职责与履责要求

序号	安全职责	履责要求
1	负责落实安全监督责任	（1）贯彻执行国家、行业和公司有关有限空间作业安全管理的各项法律法规和制度标准； （2）制定完善本单位有限空间作业应急救援安全监督管理规章制度
2	负责对现场应急救援工作实行有效监督	（1）对救援计划的各环节、措施的实施过程进行督导； （2）负责监督检查各项工作安全措施的落实情况，对不安全因素及时制止并提出安全可靠的补救措施； （3）在有限空间外持续对救援人员进行监护，和救援人员保持沟通； （4）救援过程出现异常情况时，发出撤离警告，并协助救援人员撤离有限空间
3	负责维护救援现场工作秩序	（1）对事故现场进行保护、交通疏散，保证救援工作有序进行； （2）设置警戒装置，严禁无关人员进入事故现场
4	按照指挥部命令，配合开展事故调查分析	参加和协助相关事故调查工作，监督"四不放过"原则的贯彻落实

（6）后勤保障组织安全职责与履责要求如表 9-6 所示。

表 9-6　　　　　　　　　　后勤保障组织安全职责与履责要求

序号	安全职责	履责要求
1	负责有限空间应急救援装备、物资保管配置	（1）配备符合要求的安全防护设施、个人防护用品及应急救援设备等； （2）配置自动除颤器、担架、医用绷带等应急救援物资，并定期检验，保证充足有效
2	负责事故救援过程中物资装备协调工作	（1）负责协调事故救援过程中紧急使用的物资装备； （2）组织清点人员、装备物资使用情况，组织抢救、疏散受灾区域或危险区域的人员
3	负责应急救援善后工作	（1）做好伤亡人员的家属临时安顿工作，做好家属情绪疏导； （2）协调处理理赔等善后工作

3．救援工作组织

（1）有限空间救援坚持"就近、高效"原则，优先由现场班组开展自救协救、属地单位开展救援处置，救援力量不足或超出救援能力的，启动应急联动机制，请求省公司级救援力量或地方政府、专业救援机构等外部力量支援。

（2）发生有限空间作业人员受困，现场工作负责人应立即向上级报告，申请启动现场有限空间应急救援处置流程，第一时间成立现场指挥部，并同时拨打急救电话。

（3）有限空间救援工作应严格执行《有限空间作业安全工作规定（试行）》相关规定，参照执行本专业《有限空间作业安全工作规定（试行）》相关组织措施、技术措施。

（4）有限空间救援工作负责人由现场工作负责人担任，救援工作开展前需进行现场勘查，明确工作中存在的风险点，并逐项制定防范措施，做好安全交底。

（5）有限空间救援工作在救援人员实施救援过程中，应选择相应的防护措施（如呼吸防护、坠落防护等）全程不得失去安全保护。

（6）参与现场救援的人员应接受有限空间救援技能培训并考核合格，未经培训人员只能开展救援辅助工作。救援人员应携带专用救援装备开展救援，救援装备使用前需进行安全检查。

（7）事发单位应加强应急救援现场安全管控，带电作业发生人员受困应立即申请停电，临近带电体的要做好防触电和防感应电措施，安排专人进行监护，确保救援过程安全防护到位、救援流程规范。

（8）人员脱困后，应及时开展身体检查和心理疏导，必要时及时送医。

4. 有限空间救援技术

有限空间救援可分为自救、非进入式救援和进入式救援。

（1）自救在三种救援方式中，应为最佳选择。由于危害的紧急性与急迫性，并且作业人员最清楚自身的状况与反应，通过自救方式进行撤离比等待其他人员的救援更快、更有效。同时，又可避免其他人员的进入。因此，进入有限空间作业过程中，如果作业人员发现有任何的环境变化或其他的报警提示，作业人员必须立即停止作业，迅速撤离。

（2）非进入式救援是指救援人员不需要进入有限空间，借助相关设备与器材，安全快速地将受困人员转移的救援方式。非进入式救援是一种相对安全的应急救援方式，但至少满足以下两个条件：

1）有限空间内作业人员已穿戴全身式安全带，且通过绳索与有限空间外的挂点可靠连接。

2）作业人员所处位置与有限空间进出口之间无障碍物阻挡。

（3）进入式救援是指当作业人员未穿戴全身式安全带，也无保护绳与有限空间外部挂点连接，或因作业人员所处位置无法实施非进入式救援时，就需救援人员进入有限空间内实施救援。进入式救援要求救援人员必须采取科学的防护措施，确保自身防护安全、有效。

5. 救援力量建设

（1）各单位应将班组自救技术作为涉及电网有限空间作业班组的核心技能，确保班组全员掌握。配备班组自救装备，并携带至工作现场。

各单位应结合本单位实际，合理配置救援人员，掌握进入式救援技术，配备相应救援装备，人数不少于6人，人员可依托电缆运检单位培养。

（2）有限空间救援人员，年龄应在23～45岁，身体健康、心理素质良好、无妨碍救援工作的病症，能适应恶劣气候和复杂地理环境；从事有限空间作业3年以上，业务水平优秀；具备有限空间作业资格。

（3）各单位应将有限空间救援人员分级编入本单位有限空间作业班组内，

统筹做好应急救援人员配置。

（4）有限空间救援装备应按技术等级对应配置，做好标准化、模块化建设，实现作业现场有效配置和集中定点存放管理。

（5）各单位要加强有限空间救援实训设施建设，依托现有电缆实训基地、设施等资源开展技能实训工作。

（6）各单位应结合本单位实际，制定培训课程，组织各等级有限空间救援人员开展技能培训及每年复训。

（7）各单位要加强有限空间救援技能实训师资队伍建设，加强与专业救援机构合作，建立专兼职培训师资队伍。

（8）各单位应加强有限空间作业人员生命体征监测装备和有限空间救援新技术、新装备研发与应用，提升作业人员有限空间受困监测预警和应急救援处置能力。

6. 救援机制运转

（1）信息报告机制。健全有限空间作业人员受困事件信息报告机制，各级应急指挥中心在接到信息后，应立即向本单位应急管理部汇报。各级应急指挥中心、应急管理部应在获知信息后 15min 内向上级应急指挥中心值班员、应急管理部汇报。

（2）分级管理机制。有限空间救援工作实行分级管理，总部、分部、省、市、县级单位按照管理职责做好有限空间救援人员培训、装备配置、救援工作组织，上级单位对下级单位每年定期进行检查评价。

（3）外部联动机制。各单位应与政府、社会相关部门和单位，以及社会专业救援机构建立协调联动机制；共享有限空间应急救援资源，加强互训互练，确保必要时得到外部专业应急救援力量的支援。

（4）后评估机制。有限空间作业人员受困事件应急处置结束后，应对使用的应急预案和应急处置过程进行全面的总结和评估调查，形成评估报告。

第二节　有限空间事故应急救援预案

电力有限空间作业由于进出口受限、内部环境多变、作业场景结构复杂等因素，导致事故呈现致死概率高、救援难度大等特点。本节根据受困人员状态、装备配置情况、作业班组救援能力等典型场景需求，阐述突发情况下应急救援技能，并明确其适用场景、操作流程、注意事项、装备配置建议等。

1. 有限空间救援启动触发条件

有限空间作业受困人员常见情形，包括但不限于出现以下情况，受困人员无法由作业位置自行安全返回地面时，应立即启动现场救援流程。具体情形如下：

（1）发生中暑、眩晕、心脏病等突发疾病的。

（2）因持续作业时间过长或强度大导致体力透支的。

（3）作业人员心理或精神状态不适宜继续进行有限空间作业的。

（4）遭受机械伤害，行动能力丧失或严重受损的。

（5）作业过程中，有毒有害气体侵入，导致作业人员丧失行动能力的。

（6）攀登作业中，安全防护或作业工器具出现损坏，无法保证作业安全的。

（7）其他由工作负责人或监护人认为有必要启动有限空间救援流程的。

2. 应急准备

（1）日常应急准备。

1）风险辨识。组织对本单位的有限空间进行辨识，确定有限空间的数量、位置及危险有害因素等基本情况，对辨识出的有限空间，在其出入口设置明显的安全警示标识和警示说明，建立有限空间管理台账并及时更新。

2）应急预案。根据风险辨识结果，组织制订本单位有限空间作业事故应急救援预案或应急处置方案，确定事故应急处置流程，明确救援人员及职责，落实救援设备器材。应急预案编制应注重针对性和可操作性，做到与相关部门和单位应急预案相衔接。.

3）教育培训。制订本单位有限空间作业事故应急救援知识教育培训计划，根据本单位有限空间作业事故风险特点，定期对作业人员、监护人员和救援人员进行知识教育、装备设施使用培训、应急救援技能培训，使救援人员具备相应的应急救援能力。

4）应急演练。制订本单位应急演练计划，根据事故风险特点，每年至少组织开展 1 次有限空间作业事故应急演练，提高本单位有限空间作业事故应急救援水平。

应急演练结束后，应当对演练效果进行评估，撰写应急演练评估报告，分析存在的问题，并对应急预案提出修订意见，进行修改完善。

5）装备设施。按照有关国家标准、行业标准和规范的要求，针对本单位有限空间风险，配足并配齐应急装备设施，加强维护管理，保证装备设施处于完好可靠状态。

应急救援装备设施主要包括安全防护装备设施和个体防护装备。安全防护装备设施包括但不限于固定式气体检测装置、通风设备、起吊设备、起重机械、便携式破拆器材和相关急救设备等；个体防护装备包括但不限于便携式气体检测设备、隔绝式正压呼吸器、防护服、防毒面罩、通信设备、安全绳索等。

（2）作业前应急准备。

1）作业方案。对作业环境进行评估，检测和分析存在的危险有害因素，提出消除、控制危险有害因素的措施，制订有限空间作业方案，明确有限空间作业现场负责人、监护人员、作业人员及其安全职责，经本单位安全生产管理人员审核、负责人批准，并落实相关消除、控制危险有害因素的措施。

2）安全交底。将有限空间作业方案、作业现场可能存在的危险有害因素、作业安全要求、防控措施及应急处置措施等，明确告知有限空间作业现场全体人员。

3）作业警戒。作业前，应根据作业方案和实际作业需要设置作业警戒区域，防止无关人员和车辆等进入作业现场。

4）联络信号。作业前，作业现场负责人应会同监护人员、作业人员明确安全、报警、撤离、支援等联络信号。

5）安全防护。作业前，应对安全防护装备设施、个体防护装备、作业设备和工具等进行安全性能检查，发现问题立即更换。作业人员必须正确佩戴个体防护装备，方可实施作业。

3. 人员能力要求

据统计，有限空间作业而致死人员中 60% 以上为救援人员。因此，参与有限空间作业相关人员应按照要求参加培训，并具备相应的救援能力。

（1）监护人员。监护人员应持有监护资格证，佩戴明显标识，不得离开作业现场或从事与监护无关的工作。事故发生后，需清楚在紧急情况下应急响应程序，具备应急救援能力，在专人接替工作后，方可开展救援作业。

（2）救援指挥人员。救援指挥人员熟悉作业区域的环境和工艺情况，熟悉各种情况下有限空间救援流程及技术。有判断和处理异常情况的能力，事故后迅速确定现场情况（受困人员位置、受困原因、班组救援能力等），评估是否具备实施救援的条件。

（3）救援人员。救援人员必须熟练掌握救援设备、通信器材或医疗器具的使用与操作，能够在使用前检查确认所有的设备器材是否完全处于正常的工作状态。在突发情况发生后，正确选取并使用防护及救援装备。

4. 救援基本流程

（1）事故信息报送。有限空间作业事故发生后，作业现场负责人应当立即停止作业，按照事先确定的防控措施和应急处置措施组织现场监护人员安全施救；如实将事故情况向本单位负责人报告，同时拨打"119""120"电话或向其他专业救援力量报警求救。

单位负责人接报事故信息后，应及时核实事故信息，按照本单位有限空间作业事故应急预案启动应急响应，根据事故情况向有关部门报告。

（2）事故警戒。及时疏散事故现场围观人员和有可能影响事故救援行动的车辆等，根据救援行动实际需要设置事故警戒区域，防止无关人员和车辆进入事故现场。

（3）救援行动要素。

1）判断事故类型。有限空间作业监护人员、应急救援人员应结合作业现场气体检测结果，判断事故危害类型为中毒窒息类或其他类型，了解受困人员状态。

2）持续通风。打开有限空间进出口进行自然通风，必要时使用机械通风设备向有限空间内输送清洁空气，直至事故救援行动结束。当有限空间内含有易燃易爆气体或粉尘时，应使用防爆型通风设备。

3）气体检测。采用气体检测设备设施，对有限空间内气体进行实时检测，掌握有限空间内气体组成及其浓度变化情况。

（4）救援实施。事故发生后，应按照以下优先顺序采取应急救援行动：首先，受困人员保持清醒和冷静，充分利用其所携带的个体防护装备和周边设备设施开展自救互救；其次，救援人员在有限空间外部通过施放绳索等方式，对受困人员进行施救；最后，救援人员在正确佩戴个体防护装备，确保自身安全的前提下，进入或接近有限空间对受困人员进行施救。

1）中毒窒息事故救援。当事故危害类型判断为中毒窒息事故或进入有限空间实施救援行动过程中存在中毒窒息风险时，救援人员必须正确携带便携式气体检测设备、隔绝式正压呼吸器、通信设备、安全绳索等装备后，方可进入有限空间实施救援。

2）非中毒窒息事故救援。当事故危害类型判断为触电、高处坠落等非中毒窒息事故且进入有限空间实施救援行动过程中不存在中毒窒息风险时，救援人员必须正确携带相应检查设备、通信设备、安全绳索等装备后，方可进入有限空间实施救援。

（5）保持联络。救援人员进入有限空间实施救援行动过程中，应按照事先明确的联络信号，与有限空间外部人员进行有效联络，保持通信畅通。

（6）撤离危险区域。救援人员应时刻注意隔绝式正压呼吸器压力变化情况，根据撤出有限空间所需时间及时撤离危险区域。当隔绝式正压呼吸器发出报警时，应立即撤离危险区域。

（7）轮换救援。救援需持续时间较长时，为确保救援任务顺利完成，应科学分配救援人员，组织梯次轮换救援，保持救援人员体力充足、呼吸器压力足够，能够持续开展救援行动。

（8）医疗救护。将受困人员救出后，移至通风良好处，及时送医治疗，防止发生二次伤害。在条件允许的情况下，具有医疗救护资质或具备急救技能的人员，应对救出人员及时采取正确的救护措施。应急救援基本流程如图9-2所示。

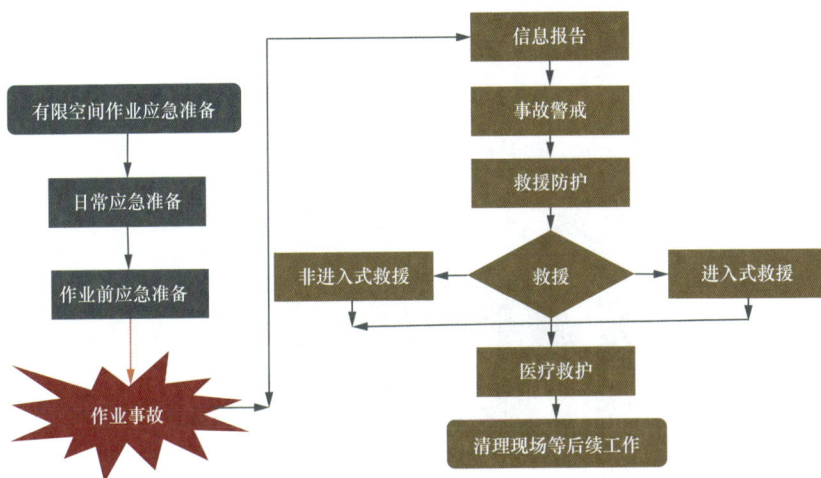

图 9-2　应急救援基本流程

5. 应急救援技术

有限空间救援可分为自救、非进入式救援和进入式救援。当作业过程中出现异常情况时，作业人员在还具有自主意识与行动能力的情况下，应采取积极主动的自救措施。作业人员可使用隔绝式逃生呼吸器等救援逃生设备，提高自救成功率。如果作业人员自救逃生失败，应根据实际情况采取非进入式救援或进入式救援。

（1）自救。

所需设备：

气体检测仪、逃生呼吸器。

作业过程：

作业人员在确认有限空间安全后，获得许可进入有限空间开展作业，除携带所需工器具外，还应携带气体检测仪、逃生呼吸器。

气体检测仪尽量佩戴在靠近口鼻位置，特别是在安全环境中（未进行呼吸防护时），若有毒有害气体侵入，气体检测仪可快速对口鼻位置的气体进行预警，确保安全。

作业过程中，气体检测仪应持续对周围环境进行检测，当发出报警信息（氧含量过低、易燃易爆气体与有毒有害气体超标），作业人员应迅速背起逃生呼吸器，取出隔离呼吸罩，打开气瓶开关，释放气瓶内气体对隔离呼吸罩内原始气体进行置换，置换完成后，将隔离呼吸罩佩戴至头部（保证头部全部位于隔离呼吸罩内）。作业人员使用逃生呼吸器如图9-3所示。

图9-3　作业人员使用逃生呼吸器

逃生呼吸器穿戴完成后，作业人员迅速寻找就近出口，通过爬梯返回地面。

（2）非进入式救援。

所需设备：

救援三脚架、三脚架绞盘、组件固定销、支腿紧固带、速差自锁保护器。

作业过程：

作业人员在确认有限空间安全后，获得许可进入有限空间开展作业，除携带所需工器具与个人防护装备外，地面人员应在入口位置搭建保护系统。作业人员进入有限空间应将救援绳索与安全带连接，如遇突发情况地面人员操作保护系统向上提升，可迅速实现作业人员脱离危险区域。

图9-4　救援三脚架支腿支撑与固定

保护系统搭建步骤：

1）地面人员在作业入口上方搭建三脚架，将三脚架支腿打开调整到适宜高度，并将固定销与紧固绳固定牢靠；救援三脚架支腿支撑与固定如图9-4所示。

2）选择便于操作位置的三脚架支腿，使用固定销将绞盘固定在支腿合适高度，并将绞盘内置钢丝绳穿过三脚架上方滑轮。救援三脚架绞盘与滑轮如图9-5所示。

图 9-5　救援三脚架绞盘与滑轮

3）将速差自锁保护器挂入三脚架上方固定点内，完成保护系统搭建。速差自锁保护器的安装如图 9-6 所示。

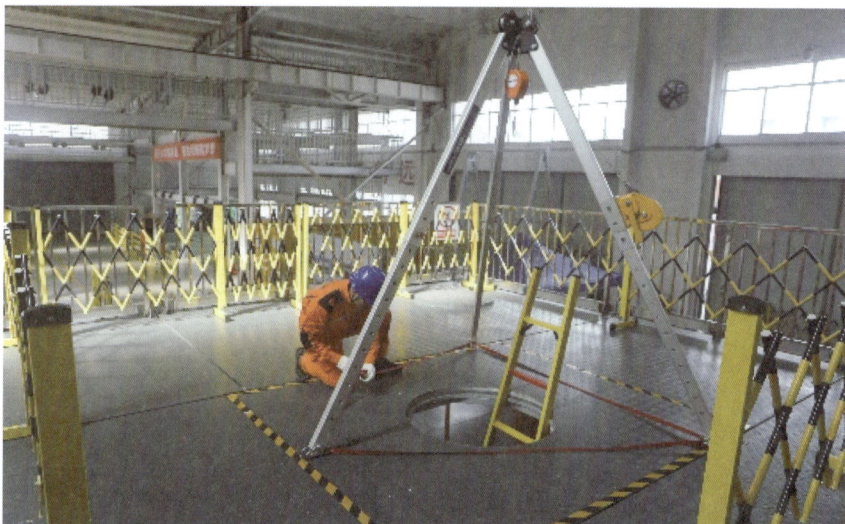

图 9-6　速差自锁保护器器的安装

将绞盘挂钩、速差自锁保护器挂钩连接作业人员安全带挂点，地面人员操作绞盘释放保护绳，作业人员可由保护绳释放至下方作业位置，也可自行爬直梯到达作业位置。作业人员进入作业位置如图 9-7 所示。

图 9-7　作业人员进入作业位置

作业过程中，保护系统应全程连接作业人员安全带，除非这些装置受限于有限空间结构的原因无法使用，确保突发情况发生后，地面人员可迅速操控绞盘，向上提升受困人员返回安全位置，完成协助救援。

（3）进入式救援。

所需设备：

气体检测仪、逃生呼吸器、正压式空气呼吸器、固定担架、救援三脚架、三脚架绞盘、组件固定销、支腿紧固带、速差自锁保护器。

作业过程：

事故发生后，作业现场负责人、监护人员立即停止作业，了解受困人员的状态，组织开展安全施救，禁止未经培训、未佩戴个体防护装备的人员进入有限空间施救。作业现场负责人及时向本单位报告事故情况，必要时拨打"119""120"电话报警或向其他专业救援力量求救，单位负责人按照有关规定报告事故信息。

作业现场负责人、监护人员根据救援需要设置警戒区域（包括通风排放口），设立明显警示标识，严禁无关人员和车辆进入警戒区域。

1）救援准备。现场班组人员可根据救援预案分工，同时开展以下救援准备工作：

气体检测：作业人员使用气体检测仪对有限空间内气体含量（氧气、易燃易爆和有毒有害气体），分项检测准确数值并记录。作业人员进行气体检测如

图 9-8 所示。

图 9-8　作业人员进行气体检测

监护人员应全程监测氧气、易燃易爆和有毒有害气体浓度，动态观测井壁、横向救生通道等风险部位的稳定性。

通风置换：作业人员检查送（排）风机作业是否正常，如现场未设置需增设该设备，确保持续向有限空间送（排）风置换。作业人员向有限空间通风如图 9-9 所示。

图 9-9　作业人员向有限空间通风

153

保护系统架设：作业人员对井口、井壁进行牢固度检查，根据保护系统搭建方法架设保护系统。作业人员检查井口、井壁牢固度如图 9-10 所示。

图 9-10　作业人员检查井口、井壁牢固度

2）救援作业。个人防护装备穿戴：救援人员穿戴全身式安全带、正压式空气呼吸器、气体检测仪。救援人员穿戴防护装备如图 9-11 所示。

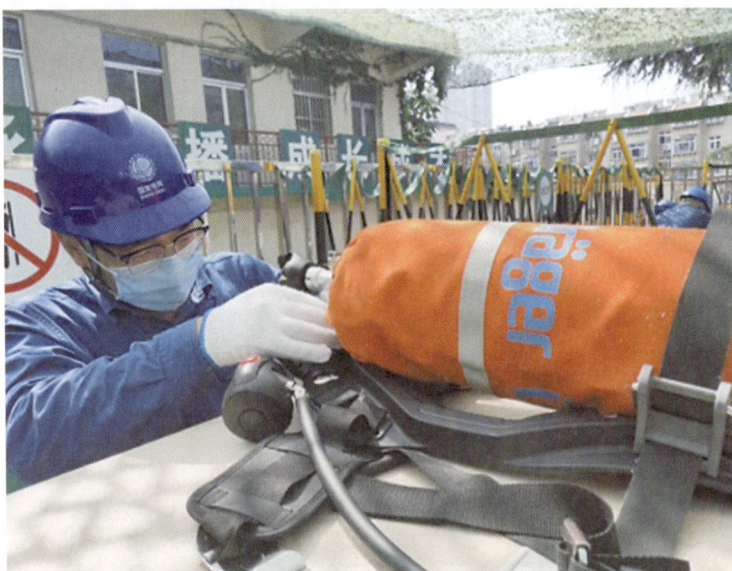

图 9-11　救援人员穿戴防护装备

受困人员脱困：救援人员穿戴个人防护装备，携带逃生呼吸器、受困人员固定担架，利用保护系统沿爬梯下降（或由地面人员操控保护系统下方救援人员）至有限空间内部。救援人员给受困人员穿戴逃生呼吸器如图9-12（a）所示，配合将受困人员捆绑在固定担架上，并搬运至靠近出口位置如图9-12（b）所示。地面人员利用固定担架和保护系统提升受困人员脱离有限空间，救援人员使用同法放回地面。

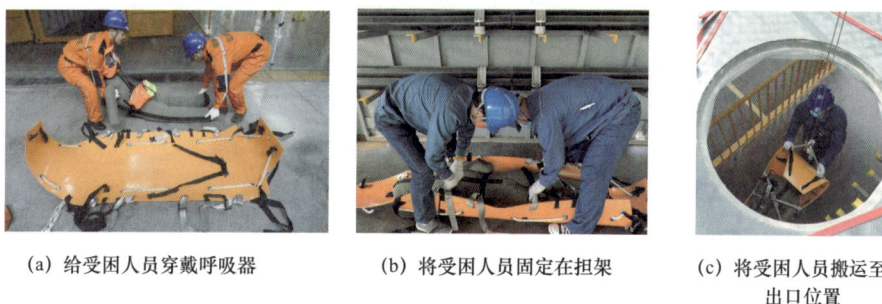

(a) 给受困人员穿戴呼吸器　　　(b) 将受困人员固定在担架　　　(c) 将受困人员搬运至出口位置

图9-12　救援人员对受困人员实施救助

现场急救：对受困人员视情况采取止血、包扎、固定、心肺复苏等急救措施，并移交医护人员。对出现中毒症状的人员，应迅即就近送医，具备条件的应优先选择职业病防治医院紧急救治。

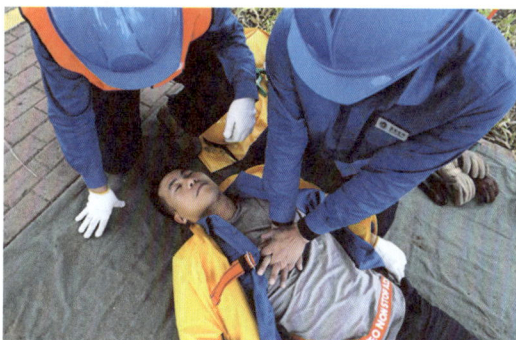

图9-13　对受困人员实施心肺复苏急救

清理移交：救援行动结束后，及时清点人员和装备，视情况对受困人员、救援人员和装备进行清洗消毒，并移交现场。

6. 救援装备使用

救援装备是开展救援工作的重要基础。以下内容根据有限空间作业事故应急救援装备特点、操作方法、注意事项进行讲解。

（1）救援三脚架使用。

图 9-14　救援三脚架的支立

1）使用规范。将三脚架放置在水平、坚硬的地面上，延长支腿至理想的长度，立起后调节三条支腿使各向受力达到平衡，保证顶部方向垂直地面。使用固定销锁住支腿，环形保护链（带）将三条支腿串联在一起，保持受力均匀。检查固定销完全插入了支腿并且被锁住，完成三脚架支立作业。救援三脚架的支立如图 9-14 所示。

2）注意事项。救援三脚架为起重设备，必须每月由专人进行检查，每次使用前要检查吊索能否正常绕在铰轮上；定期检查吊索的连接接头是否牢固；绞盘释放钢丝绳时，应保证转轮内部留有 3～4 圈，以防钢丝绳滑落；救援三脚架应存放在干燥处，不得与酸、碱等腐蚀性液体存放在一起。

（2）隔离式逃生呼吸器使用。逃生呼吸器可供处于有毒、有害、烟雾、缺氧环境中的人员逃生使用。隔离式逃生呼吸器如图 9-15 所示。

1）使用规范。打开气瓶阀上头罩即可，无其他附加动作。

2）注意事项。逃生呼吸器的压缩

图 9-15　隔离式逃生呼吸器

气瓶上装有一个压力表，在贮存过程中压力表不显示气源压力，需定期检查气瓶气量满足要求。隔绝式逃生呼吸器必须随身携带，不可随意放置。不同的紧急逃生呼吸器其供气时间不同，一般为 10～15min，作业人员应根据作业场所距有限空间出口的距离选择，若供气时间不足以安全撤离危险环境，在携带时应增加隔离式逃生呼吸器的数量。

（3）正压式呼吸器使用。正压式空气呼吸器主要用于应急救援或在危险性较高的作业环境内短时间作业使用，但不能在水下使用。正压式空气呼吸器如图9-16所示。

图9-16　正压式空气呼吸器

1）正压式空气呼吸器的检查。

a. 将空气瓶连接至背板，打开空气瓶开关，检查气瓶压力。气瓶内的储存压力为28～30MPa，当气瓶内压力低于25MPa时，不符合使用要求需进行补气。

b. 关闭气瓶阀，观察压力表的读数变化。在30s内，压力表读数下应无下降，表明供气管系高压气密性好。否则应检查各接头部位的气密性。

c. 检查完毕后，释放管路中压缩空气，当压力下降至5.5MPa时，余压报警器应发出报警声音，并且连续响到压力表指示值接近零时。

d. 压力表有无损坏，它的连接是否牢固。

e. 中压导管是否老化、有无裂痕、有无漏气处，它和供给阀、快速接头、减压器的连接是否牢固，有无损坏。

f. 供给阀的动作是否灵活、是否缺件，它和中压导管的连接是否牢固、是否损坏，供给阀和呼气阀是否匹配。戴上呼气器面罩，打开气瓶开关，按压供给阀杠使其处于工作状态。在吸气时，供给阀应供气，有明显的"咝咝"响声。在呼气或屏气时，供给阀停止供气，没有"咝咝"响声，说明匹配良好。如果在呼气或屏气时供给阀仍然供气，可以听到"咝咝"声，说明不匹配，应校验正型式空气呼气阀的通气阻力，或调换全面罩，使其达到匹配要求。

g. 检查全面罩的镜片、系带、环状密封、呼气阀、吸气阀是否完好，有无缺件，以及供给阀的连接位置是否正确、连接是否牢固。全面罩的镜片及其他部分要清洁、明亮和无污物。检查全面罩与面部贴合是否良好、气密性是否良好。检查方法：关闭空气瓶开关，深吸数次，将空气呼吸器管路系统的余留气体吸尽。全面罩内保持负压，在大气压作用下全面罩应向人体面部移动，感觉呼吸困难，证明全面罩和呼气阀有良好的气密性。

h. 空气瓶的固定是否牢固，它和减压器连接是否牢固、气密性是否良好。

背带、腰带是否完好，有无断裂处等。

2）正压式空气呼吸器的佩戴与使用。

a. 佩戴时，先将快速接头断开（以防在佩戴时损坏全面罩），然后将背托在人体背部（空气瓶开关在下方），根据身材调节好肩带、腰带并系紧，以合身、牢靠、舒适为宜。

b. 把全面罩上的长系带套在脖子上，使用前全面罩置于胸前，以便随时佩戴，然后将快速接头接好。

c. 将供给阀的转换开关置于关闭位置，打开空气瓶开关。

d. 戴好全面罩进行 2～3 次深呼吸，应感觉舒畅。屏气或呼气时，供给阀应停止供气，无"咝咝"的响声。用手按压供给阀，检查其开启或关闭是否灵活。一切正常时，将全面罩系带收紧，收紧程度以既要保证气密又感觉舒适、无明显的压痛为宜。

3）注意事项。使用人员应经过专业培训，熟练掌握正压式空气呼吸器的使用方法及安全注意事项。正压式空气呼吸器的气瓶充气应严格按照《气瓶安全技术规程》（TSG 23—2021）的规定执行，无充气资质的单位和个人禁止私自充气，气瓶每 3 年应送有资质的单位检验 1 次。当报警器起鸣时或气瓶压力低于 5.5MPa 时，应立即撤离有毒有害危险作业场所。充泄阀的开关只能手动，不可使用工具。空气呼吸器应由专人负责保管、保养、检查，未经授权的单位和个人无权拆、修空气呼吸器。

（4）救援固定担架使用。救援固定担架，用于消防紧急救援、深井及狭窄空间救护、地面一般救护、高空救援、化学事故现场救援，体积小、重量轻，便于携带，应用范围广，可单人操作，可水平或垂直吊运。救援固定担架如图 9-17 所示。

1）使用规范。确保救援固定担架完好无损，无撕裂或破损，正确连接各个固定卡扣，确保锁定牢靠。在有限空间内，注意保持空间畅通，避免尖锐物体划伤担架。搬运时，救援人员应协同配合，保持担架稳定，避免颠簸。

2）注意事项。搬运伤员之前要检查伤员的生命体征和受伤部位，重点检查伤员的头部、脊柱、胸部有无外伤，如颈椎、脊柱受伤不可使用此担架搬运。救援固定担架应平稳展开，避免急剧拉伸或过度扭曲，将伤员平稳放置在担架上，固定好头部和四肢，避免移动中二次伤害。

图 9-17　救援固定担架

第三节　有限空间事故应急演练

为规范有限空间作业安全管理，提升事故应急救援能力，健全规范化有限空间作业安全操作规程与事故应急救援程序。本节通过讲解演练背景、原则、组织机构等内容，明确演练方案编写要素、技术实施环节、考核评价内容块设置要求，为各单位开展有限空间事故应急演练提供技术支撑与方案示例。

一、演练背景

在编写有限空间演练背景时，需要清晰地描述演练的目的、相关环境、可能的风险及演练的重要性。以下为演练背景示例：

随着电网发展，电缆线路逐年增加，电缆隧道有限空间作业过程中发生窒息、中毒、高坠、坍塌等风险大幅上升，作业事故时有发生，且经常因施救不当或盲目施救导致伤亡扩大，有限空间救援能力亟待提升。

为认真落实习近平总书记关于安全生产、防灾减灾抗灾救灾重要指示精神，严格执行国家安全生产应急工作部署。本次演练旨在模拟有限空间作业中可能出现的突发情况，如中毒、缺氧、机械伤害等，通过实战化的演练，检验和完善有限空间作业应急预案，提高作业人员的安全技能和自救互救能力。同时，通过演练加强各部门之间的协同配合，实现公司和电网本质安全的新提升。

以上内容可根据实际情况进行调整和补充，确保背景描述与演练的具体内容和目标相符合。

二、演练原则

有限空间演练原则应当体现安全、高效、有序和实用等核心理念，确保演练过程既能提升应急处理能力，又能保障参与人员的安全。以下为演练原则示例：

1. 安全第一，预防为主

始终把人员安全放在首位，确保演练活动在安全可控的条件下进行。通过演练提高预防意识，加强事故隐患排查，做到防患于未然。

2. 贴近实际，注重实效

演练内容紧密结合有限空间作业的实际场景和可能遇到的风险因素，确保演练具有针对性和实用性。注重演练效果的评估，及时总结经验教训，不断优化演练方案。

3. 统一指挥，协同配合

建立统一的指挥体系，明确各级职责和分工，确保各部门、各小组之间的协同配合。通过演练提升整体应急响应能力，形成快速、高效的救援合力。

4. 科学规划，合理布局

演练前制订详细的演练计划，合理安排演练时间和地点，确保演练活动有序进行。根据有限空间的特点和演练需求，合理布局演练场地和设施，确保演练的顺利进行。

5. 持续改进，提升水平

演练结束后，及时总结演练成果和不足，针对存在的问题进行整改和完善。同时，加强对应急预案的修订和更新，不断提升有限空间作业应急管理水平。

以上内容可以根据实际情况进行调整和完善，以确保演练原则与有限空间作业的特点和实际需求相符。通过遵循这些原则，可以更有效地进行有限空间演练，提升应急处理能力和安全管理水平。

三、组织机构

有限空间演练组织机构是确保演练活动顺利进行的关键，应涉及人员分工、明确职责及协同配合等内容。以下为组织机构示例：

1. 领导小组

总指挥：

副总指挥：

现场指挥长：

副指挥长：

职责：全面组织××××年××公司有限空间事故应急演练活动工作并提出指导意见，指挥协调演练过程中的重大事项。

2. 活动工作小组

领队：

副领队：

职责：落实领导小组关于演练活动工作决策部署，组织本单位人员做好筹备或参加演练任务。

3. 专家组

组长：

成员：

职责：负责开展演练评估，主要评估内容为演练准备、演练方案、演练的组织与实施、演练的效果等。

4. 现场工作组

组长：

成员：

职责：负责演练总体策划、方案设计与编制、演练实施的组织协调、过程控制等工作。

5. 安全保障组

组长：

副组长：

成员：

职责：负责演练期间综合后勤保障，包括安保管理、车辆管理，以及演练过程中的安全监护和保障工作等。

6. 新闻宣传组

组长：

成员：

职责：负责演练过程中现场拍摄、视频录制，配合现场预演排练、新闻宣传撰稿与发布等工作。

7. 后勤工作组

组长：

成员：

职责：负责演练期间住宿管理、用餐管理、会务管理，做好客房服务保障，确保餐饮质量与安全。

8. 医疗工作组

组长：

医生：

护士：

司机：

职责：负责演练期间现场参训队员及工作人员的医疗保障、防疫管控工作，配备医护人员、救护车辆、应急药品及急救用品。

9. 技术保障组

组长：

成员：

职责：负责音视频通信保障，在设备故障情况下，完成正确应急处置；负责视频会议系统中所有设备隐患排查整改，准备应急备品及耗材等工作。

在编写有限空间演练组织机构时，可以根据实际情况进行适当调整，确保组织机构的设置与演练的需求和规模相匹配。同时，各个组织机构之间应建立良好的沟通协作机制，确保演练工作的顺利进行。

四、演练考核内容与目标

在编写有限空间演练考核内容与目标时，需明确演练的场景、科目内容及考评方法等关键信息，以确保演练的针对性和实效性。

场景介绍需要详细描述有限空间作业的具体环境，如电缆廊道、深基坑、电缆夹层等，以及可能面临的突发情况，如中毒窒息、突发疾病等。通过清晰的场景介绍，可以使参演人员更好地了解演练背景，提高演练的代入感和真实感。

科目内容需根据有限空间作业的特点和风险，确定演练的科目内容。例如，可以包括应急预案的启动与响应、现场疏散与救援、个人防护装备的使用等。每个科目都应具有明确的操作要求和目标，以便参演人员能够有针对性地进行演练。

考评方法应综合考虑演练的实际情况和评估需求，可以采用观察记录、实操考核、问卷调查等多种方式。例如，对于现场疏散与救援科目，可以通过观察参演人员的操作过程、记录疏散时间和救援效果进行评估；对于个人防护装备的使用，可以通过实操考核来检验参演人员的掌握情况。

在编写考核内容时，还应注重与实际工作的结合。可以结合有限空间作业的实际案例，将演练中的场景、科目与实际情况相衔接。同时，还可以邀请行业专家和经验丰富的作业人员参与演练考核的编写工作，以确保考核内容的科学性和合理性。以下为演练考核内容与目标示例：

1. 场景介绍

模拟在电缆运维检修作业中，某地下管廊中出现相间短路故障并伴有有毒有害气体突发，一名作业人员（模拟假人）在维修中因未佩戴防毒面具吸入大量有毒有害气体，导致意外晕倒，无法完成自救。针对上述情景开展受限空间救援防护装备使用、受困人员提升救助能力训练。

2. 科目设置

科目设定为三部分：应急互训、应急互练、应急互赛。

（1）应急互训。

1）理论培训（可聘请内外部专家进行专业授课）。

课程 1（示例）：电网有限空间生产安全事故应急处置与救援——内部专家。

课程 2（示例）：新形势下有限空间救援发展趋势——外部专家。

2）参演单位开展内部技能互训。

每家单位承担 1 门互训互练科目，培训单位展示完毕以后，指导其他单位参训人员开展本科目的训练实操。

a. 有限空间安全作业技能（互训责任单位：××）。结合国网有限空间作业规程，开展气体检测流程及规范（气体危害识别方法、气体检测规范、设备仪器操作方法）、通排风流程及规范（通排风作业适用性、设备操作方法）等技能培训。

b. 有限空间应急救援（互训责任单位：××）。结合国网有限空间作业场景，开展个人防护装备选取及穿戴、受困人员提吊及转移、现场急救、救援装备检查等技能培训。

（2）应急互练。

主要内容：按互训科目开展实战演练。

实战演练科目由各单位分别承担（如 A 负责科目 A 的培训和演练实施），承担单位指定一名队长负责该项目组织实施。实战演练单位向检阅领导进行科目培训展示。

（3）应急互赛。

主要内容：开展有限空间事故应急救援。

需各单位选派 5 名队员参赛，单位互赛成绩以实操评分为准，互赛活动评选最佳团队奖 × 名，优秀团队奖 × 名。

具体实施任务书见本章第五节、评分细则和评分标准见本章第六节、第七节。

3. 考核目标

通过演练考核，旨在增强参演人员的应急意识、检验预案的有效性、提升应急处理能力、加强部门间的协作配合及完善安全管理体系，为企业的安全发展提供有力保障。

在编写有限空间演练考核内容与目标时，应根据实际情况和演练的具体需求进行调整和补充，确保考核内容全面、具体，考核目标明确、可行。同时，还应制定详细的考核标准和评估方法，以便对演练效果进行客观、公正的评价。

五、演练整体安排

编写演练整体安排时，需要清晰地规划演练的时间、地点和方式，以确保演练活动能够有序、高效地进行。以下为演练整体安排示例：

1. 演练时间

本次有限空间演练计划于××××年××月××日至××日进行。请各参演单位提前做好时间安排，确保人员到位，并留出足够的时间进行演练前的准备和演练后的总结评估。

2. 演练地点

演练地点选定为×××，该地点具备有限空间作业的典型特征，且环境安全可控，适合进行演练活动。请各参演单位提前熟悉演练场地，了解场地布局和安全设施情况，确保演练活动的顺利进行。

3. 演练方式

演练采用实战化模拟的方式进行，通过模拟有限空间作业中可能出现的突发情况，检验应急预案的可行性和有效性。演练过程中，将采用情景模拟、实操演练等多种方法，使参演人员能够身临其境地感受紧急情况，提高应急处理能力。

方式选择应注意以下4点：

（1）模拟真实场景。通过搭建模拟场景，使参演人员能够在接近真实的环境中进行演练，提高演练的实效性和针对性。

（2）突出实战性。注重演练的实战性，让参演人员在模拟的紧急情况下进行实际操作，检验他们的应急反应能力和处置能力。

（3）强调团队协作。演练过程中，将加强各部门之间的沟通与协作，形成合力应对紧急情况，提升整体应急救援水平。

（4）及时反馈与总结。演练结束后，将及时组织参演人员进行反馈和总结，分析演练中存在的问题和不足，并提出改进措施，为今后的演练活动提供借鉴和参考。

在编写演练整体安排时，请根据实际情况进行调整和补充，确保时间安排合理、地点选择适当、方式选择科学。同时，还应与相关部门和单位进行沟通协调，确保演练活动的顺利进行。

六、演练过程中的注意事项

在编写演练过程中的注意事项时，应充分考虑演练的安全性、有效性及参与人员的行为准则。

应根据实际演练情况和参与人员的特点进行有针对性的编写。同时，要确保注意事项简明扼要、易于理解，以便参演人员能够迅速掌握并遵守。此外，还应在演练前对参演人员进行必要的培训和指导，确保他们能够充分了解并遵守演练过程中的注意事项。

第四节　有限空间事故现场急救

有限空间作业过程中窒息、中毒、高坠、坍塌等突发事件，都会伴随出现作业人员受伤情况，作业现场亟须相关症状的急救措施，填补专业医护人员到来前的空白期。本节根据心搏骤停、骨折、出血等典型急救场景，阐述突发情况下心肺复苏、骨折固定、止血等急救技能，并明确其评估方法、操作流程、注意事项等。

一、心肺复苏术

对于任何原因引起的呼吸、心搏骤停，及时有效地采取措施，对伤者进行抢救、治疗及电击除颤，使循环和呼吸恢复，这些措施称心肺复苏（CPR）。当伤者突然意识丧失，大动脉搏动消失，面色苍白或发绀，出现不规则呼吸、喘息甚至呼吸停止等表现时应立即进行心肺复苏。

1. 判断与呼救

（1）判定事发地点是否安全，易于就地抢救，严禁在危险区域或周围环境不明的情况下抢救，如存在有毒气体的有限空间内部。判定救援区域的安全性如图 9-18 所示。

（2）判断意识。轻拍伤者肩部，并大声呼叫："喂，你怎么了？"或直呼其名，若无反应立即自行或指定人员拨打"120"急救电话。判断伤者意识如图 9-19 所示。

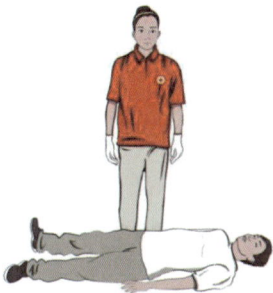

图 9-18　判定救援区域的安全性

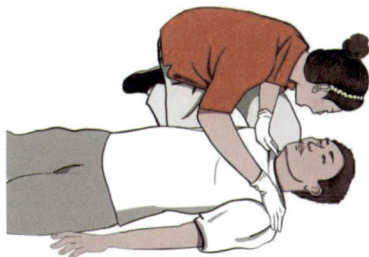

图 9-19　判断伤者意识

（3）判断心跳和呼吸。检查呼吸时，伤者如果为俯卧位，应先将其翻转为仰卧位。用"听、看、感觉"的方法检查伤者呼吸，判断时间约 10s。在检查伤者反应和心跳时，一侧脸颊靠近伤者口鼻处，快速检查伤者有无呼吸，若没有呼吸或不能正常呼吸（即无呼吸或仅有濒死喘息），立即进行胸外按压。判断伤者心跳和呼吸如图 9-20 所示。

（4）呼救并取得自动体外除颤仪。发现伤者无意识、无呼吸（或叹息样呼吸）时，应立即高声呼叫他人，指定专人拨打"120"急救电话和帮忙取来自动体外除颤仪，请现场会救护的人过来帮忙。请求现场救援如图 9-21 所示。

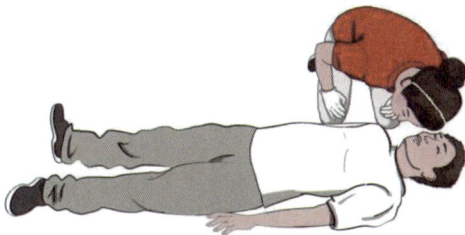

图 9-20　判断伤者心跳和呼吸

图 9-21　请求现场救援

2．胸外心脏按压

（1）按压准备。伤者仰卧于地上，如作业现场地面不平，身下可放置木板，解开衣物、裤带，露出胸部。

（2）按压部位。正确的按压部位是胸骨中、下 1/3 处。胸外心脏按压位置如图 9-22 所示。

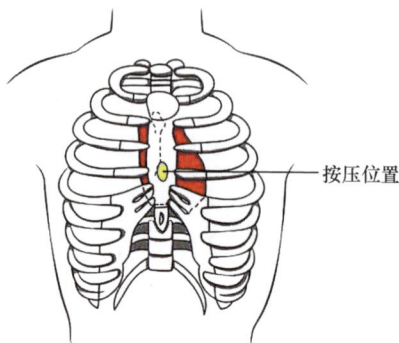

图 9-22　胸外心脏按压位置

（3）定位方法。剑突上两指或双乳头连线中点。胸外心脏按压定位方法如图 9-23 所示。

（4）按压方法。将一只手的手掌根贴在按压点，另一手掌放在此手背上，十指相扣，手指跷起脱离胸壁。胸外心脏按压方法如图 9-24 所示。

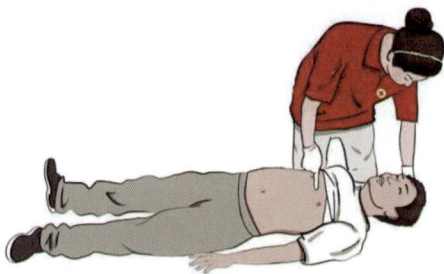

图 9-23　胸外心脏按压定位方法

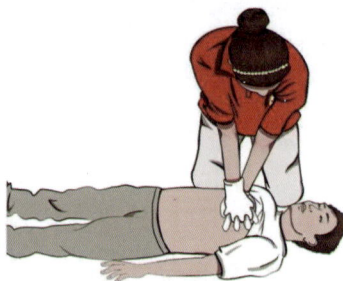

图 9-24　胸外心脏按压方法

双肘关节伸直，双肩在伤者胸骨上方正中，肩手保持垂直用力向下按压，按压的方向与胸骨垂直。胸外心脏按压姿势如图 9-25 所示。

（5）按压要领。成人单人按压 30 次，人工呼吸 2 次，按压频率为 100 ～ 120 次 /min；正常形体伤者按压使胸壁下陷 5 ～ 6cm，每次按压后，放松使胸骨恢复到按压前的位置，手掌根部不能离开胸壁；保证每次按压后胸廓完全恢复原状，尽量减少胸外按压的中断。

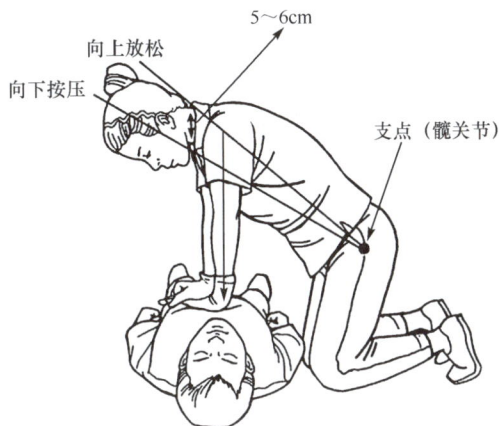

图 9-25　胸外心脏按压姿势

3. 保持呼吸道通畅

（1）开放气道。有助于伤者自主呼吸，便于心肺复苏时口对口呼吸。当伤者无颈椎损伤时，可以采用仰头举颏法开放气道，如伤者义齿松动，应立即取下以防脱落阻塞气道。

仰头举颏操作方法：救援人员跪在伤者一侧，将一只手放在伤者前额，用手掌小鱼际（小手指侧掌缘）用力向下压额头使头部后仰，另一只手的食指和中指并拢放在下颏处，使下颏向上抬起。仰头举颏操作方法如图 9-26 所示。

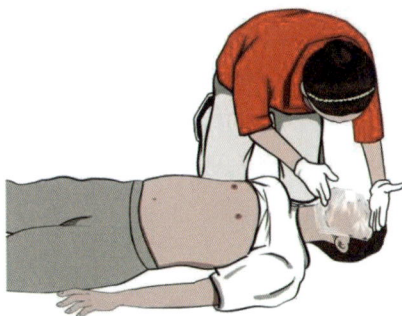

图 9-26　仰头举颏操作方法

注意：切勿按压颈部或下颏下面的柔软部分，避免造成气道堵塞。

（2）清除伤者口中异物和呕吐物，用指套或指缠纱布清除口腔中的液体分泌物。

4. 口对口人工呼吸

口对口人工呼吸时，救援人员右手托住伤者下颌确保气道通畅，左手捏住伤者鼻孔防止漏气，然后正常吸一口气，用口唇把伤者的口全罩住，呈密封状每次吹气持续 1s，确保伤者胸廓起伏。口对口人工呼吸法如图 9-27 所示。

胸外按压与通气的比例为 30∶2（即单人按压 30 次，人工呼吸 2 次），每 5 组评估伤者呼吸和脉搏。胸外按压与通气如图 9-28 所示。

图 9-27　口对口人工呼吸法　　　　图 9-28　胸外按压与通气

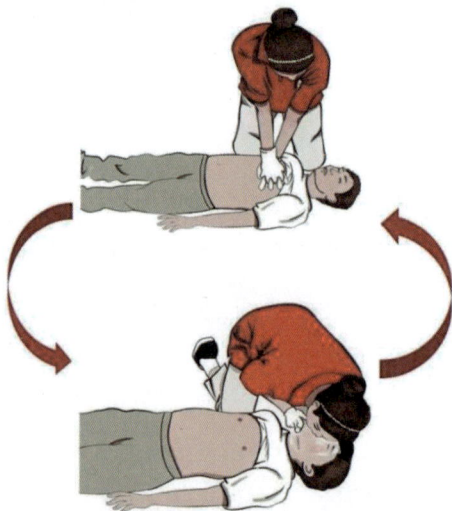

5. 除颤

对于成人心搏骤停伤者，若有除颤器要立即进行除颤；若不能立刻获取除颤器，应先进行心肺复苏，待除颤器设备就绪后，尽快尝试进行除颤。自动体外除颤器如图 9-29 所示。

自动体外除颤器（AED）的使用方法：

（1）把 AED 放在伤者身旁，打开 AED 电源，按照语音提示操作。

（2）按照电极片上的图示，将电极片紧贴于伤者裸露的胸部。一片电极片贴在伤者胸部的右上方（胸骨右缘，锁骨之下），另一片电极片贴在伤者左乳头外侧（左腋前线之后第五肋间处）。自动体外除颤器的使用如图 9-30 所示。

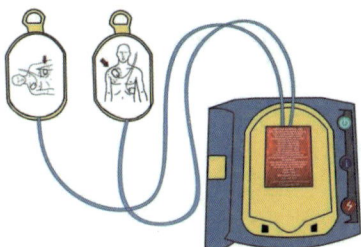

图 9-29　自动体外除颤器

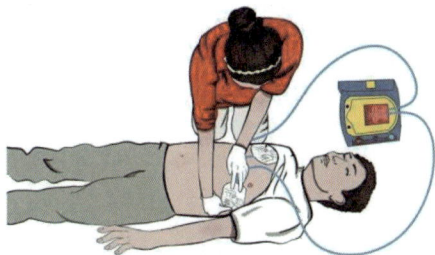

图 9-30　自动体外除颤器的使用

（3）救援人员语言示意周围人不要接触伤者，等待 AED 分析心律，以确定是否需要电击除颤。示意周围人不要接触伤者如图 9-31 所示。

（4）若 AED 显示"建议电击"，所有人不要接触伤者，按下电击键除颤后，继续心肺复苏，完成后，待 AED 分析心律决定是否再电击如图 9-32 所示。

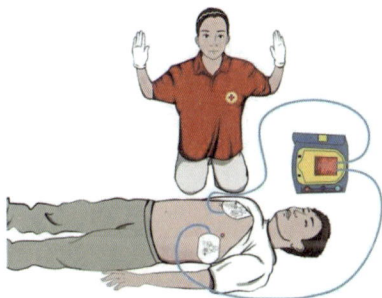

图 9-31　示意周围人不要接触伤者

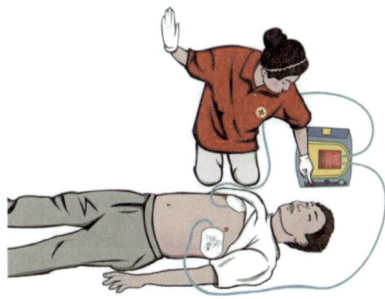

图 9-32　AED 分析心律决定是否再电击

（5）在伤者尚未苏醒和"120"急救车来之前，应 AED 和心肺复苏交替使用。

6. 复原体位

如果伤者的心搏和自主呼吸已经恢复，将伤者置于复原体位（稳定侧卧位），随时观察伤者生命体征，并安慰照护伤者，等待专业急救人员到来，如图 9-33 所示。

图 9-33　复原伤者体位

7. 心肺复苏的注意事项

（1）口对口人工呼吸一次吹气量不能超过 1200mL，胸廓稍起伏即可。吹气时间不宜过长，吹气时要观察气道是否通畅，胸廓是否起伏。

171

（2）胸外心脏按压只能在患（伤）者心脏停止跳动下才能进行。

（3）口对口人工呼吸和胸外心脏按压应同时进行，严格按吹气和按压的比例进行。

（4）胸外按压的位置必须准确，按压的力度要适宜，力度过大容易造成肋骨骨折、气胸、血胸等并发症。

（5）实施心肺复苏时应将患（伤）者的上衣和裤带解开，以免引起内脏损伤。

8. 心肺复苏的有效体征

（1）观察颈动脉搏动，按压有效时，每次按压后可触及一次搏动。若停止按压后搏动停止，表明应继续进行按压，若停止按压后搏动继续存在，说明自主心搏已恢复，可以停止胸外心脏按压。

（2）若无自主呼吸或自主呼吸很微弱，人工呼吸应继续进行。

（3）心肺复苏有效时，可见伤者有眼球活动，口唇、面色转红润，甚至脚可以活动；观察瞳孔由大变小，并有对光反射。

9. 终止心肺复苏的指征

（1）当现场危险危及救援人员生命安全。

（2）伤者自主呼吸及心跳已恢复。

（3）由其他人接替抢救，或由专业人员到场接替心肺复苏工作。

（4）医学专业人员判定伤者死亡、无救治指征时。

二、骨折固定

骨关节损伤均必须固定制动，以减轻疼痛，避免骨折片损伤血管和神经等，并能帮助防止休克。固定前，应尽可能牵引伤肢矫正畸形，然后将伤肢放到适当位置，固定于夹板或其他支架（可就地取材，用木板、竹竿、树枝等）上。固定范围一般应包括骨折处远和近两个关节，既要牢固不移，又不可过紧。急救中如缺乏材料，可利用自体固定，如将上肢绑缚在胸廓上，或将受伤下肢固定于健肢。

1. 肱骨骨折夹板固定法

步骤一：准备夹板（夹板可用树枝、木棒、废用木料等替代，用一块夹板时，夹板放上臂外侧；用两块夹板时，则放在上臂的内外两侧；用三块时，则在上臂的前、后和外侧各放一块；外侧夹板长度应超过上下关节），如用卷式夹板，先将卷式夹板对折，内侧长度不超过腋窝处，外侧不超过肩关节，同时将夹板每边沿中线折弯，幅度以伤者上臂为标准。

步骤二：将夹板放于肱骨内外侧，在腋窝、肩关节、肘关节处加垫。

步骤三：用两条折叠成带状的三角巾（宽度 2～3 手指）或绷带，在骨折上下端扎紧，一般均打结于外侧靠夹板处，打结后可将多余条带塞于结与夹板间隙。

步骤四：肘关节屈曲 90°，前臂用腰带、领带或三角巾以小悬臂法悬吊于胸前。必要时，将上臂固定于躯干上，以加强固定。

步骤五：用小悬臂带悬吊伤肢，指端露出，检查末梢血液循环。肱骨骨折夹板固定法如图 9-34 所示。

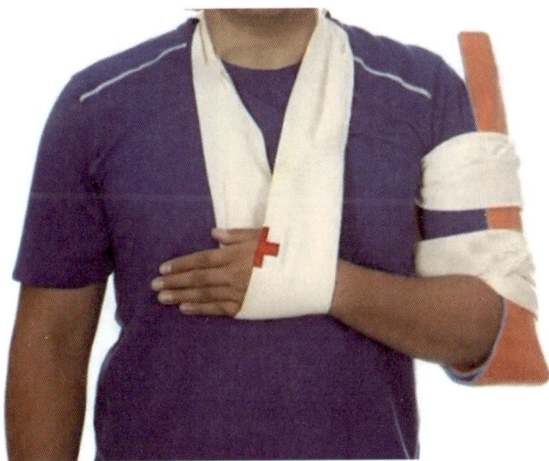

图 9-34　肱骨骨折夹板固定法

2. 前臂骨折夹板固定法

步骤一：在前臂掌、背侧各放夹板一块，如用卷式夹板，先将卷式夹板对折，调整夹板长度不超过掌横纹，同时将夹板每边中线折弯，幅度以伤者前臂为标准。

步骤二：关节突出部位加垫。

步骤三：用两条折叠成带状的三角巾（宽度 2～3 手指）或绷带在骨折上下端扎紧，固定前臂于中立位，一般均打结于外侧靠夹板处，打结后可将多余条带塞于结与夹板间隙。前臂骨折固定夹板如图 9-35 所示。

步骤四：将肘关节屈曲 90°，前臂用三角巾以大悬臂法悬吊于胸前。前臂骨折悬吊三角巾如图 9-36 所示。

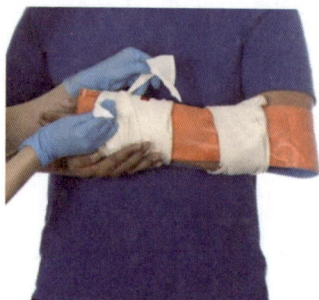

图 9-35　前臂骨折固定夹板

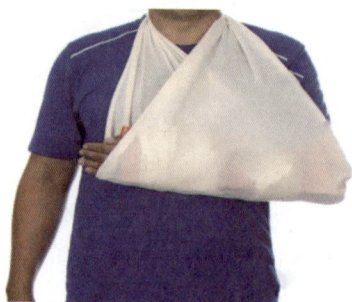

图 9-36　前臂骨折悬吊三角巾

步骤五：用小悬臂带悬吊伤肢，指端露出，检查末梢血液循环。

3. 腿骨折三角巾固定法

步骤一：在两条腿之间的骨突出部位（如膝关节、踝关节部）和空隙部位加垫。

步骤二：准备 4 个三角巾（可用布条、床单、衣服等替代）折成条带，在骨折上端、骨折下端、膝关节、踝关节分别将伤肢与健肢固定在一起。腿骨折三角中固定如图 9-37 所示。

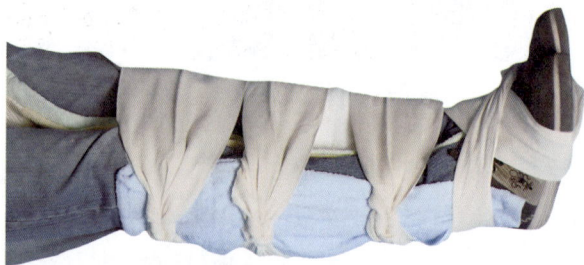

图 9-37　腿骨折三角巾固定

步骤三：观察足趾端血液循环是否正常。

三、止血

1. 出血量的判断

（1）失血量小于 5%（200～400mL）时，能自行代偿，无异常表现。

（2）失血量大于 20%（约 800mL）时，面色苍白、肢凉，脉搏增快达 100 次 /min，出现轻度休克。

（3）失血量在 20%～40%（800～1600mL）时；脉搏达 100～120 次 /min 或以上，出现中度休克。

（4）失血量在 40%（1600mL）以上时，心慌，呼吸快，脉搏、血压测不到，造成重度休克，可导致死亡。

2. 出血的分类

（1）动脉出血：色鲜红、压力高、量大。

（2）静脉出血：色暗红、持续缓慢流出。

（3）毛细血管出血：创面外渗、自行凝固。

3. 止血方法

（1）压迫止血法：适用于头、颈、四肢动脉大血管出血的临时止血。受伤后立刻果断地用手指或手掌用力压紧近心脏一端的动脉搏动处，并把血管压紧在骨头上。压迫止血法如图 9-38 所示。

（2）绞紧止血法：又称绞棒止血法。适用于四肢大血管出血，尤其是动脉出血。先在肢体出血部位上方缠绕几层布，用止血带（一般用橡皮管，也可以用纱布、毛巾、布带或绳子等代替）绕肢体绑扎打结固定，缠绕止血带如图 9-39（a）所示；在结内（或结下）穿一根短木棍，转动此

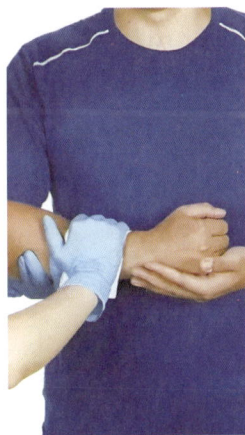

图 9-38 压迫止血法

棍，绞紧止血带，转动木棍如图 9-39（b）所示；直到不流血为止，然后把木棍固定在肢体上，绑扎完成如图 9-39（c）所示。在绑扎和绞止血带时，不要过紧或过松，达到伤口缓慢渗血即可。在完成以上操作后，还应标注止血时间。

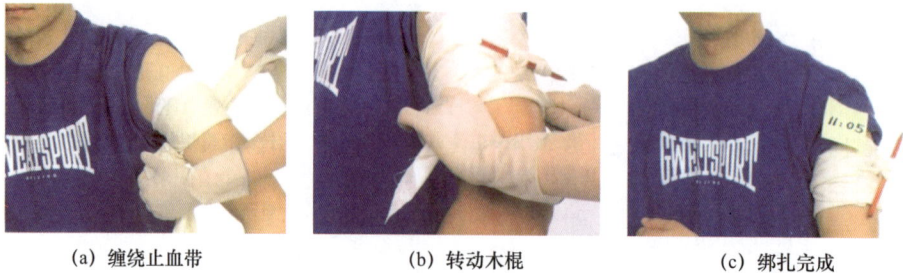

| (a) 缠绕止血带 | (b) 转动木棍 | (c) 绑扎完成 |

图 9-39　绞紧止血法

四、其他情况紧急救护

1. 气体中毒

（1）处理方法。作业人员在有限空间内吸入有毒有害气体导致中毒，应通过通风设备立即向伤者输送新鲜空气。救援人员接近后为伤者佩戴隔离式逃生呼吸器，迅速将其转移至有限空间外空气流通处，解开衣扣使呼吸流畅。对呼吸停止者立即进行人工呼吸，没有缓解的迅速送往医院抢救。

（2）注意事项。有毒有害气体，如一氧化碳、硫化氢等气体遇明火容易引发爆炸，所以使用的通风设备应为防爆型风机，避免产生电器火花引发爆炸。

向有限空间内送风时，禁止使用纯氧送风。

作业人员受困在有限空间内，切忌盲目施救，应评估现场装备、救援技能是否满足救援需求，以防事故扩大。

2. 中暑

（1）处理方法。出现中暑先兆时，立即撤离高温环境。在阴凉处安静休息，并补充含盐饮料。将伤者抬到阴凉处或者空调供冷的房间平卧休息，解开或者脱去衣服。用水浸透的毛巾擦拭全身，通过蒸发降温。如降温处理不能缓解病情，则为重症中暑，需及时送医院做进一步处理。

（2）注意事项。中暑后，伤者会明显感到虚弱，恢复过程中饮食应清淡、易消化，补充必要的水分、盐、热量、维生素、蛋白质等所需养分。

中暑后，不要一次大量饮水，采用少量多次的饮水方法。

中暑重在预防，长时间在暴晒或密闭高温高湿环境下工作时，应合理安排作息时间，如工作时间较长，应安排交替作业。

在有限空间内作业，可将通风风管靠近作业人员，通过空气流通既保证周围环境安全，也可起到降温作用。

3. 触电

（1）处理方法。触电急救的第一步是使触电者迅速脱离电源，第二步是现场救护。

1）脱离电源。发生了触电事故，切不可惊慌失措，要立即使触电者脱离电源。使触电者脱离低压电源应采取的方法：

a. 就近拉开电源开关，拔出插销或保险，切断电源。要注意单极开关是否装在火线上，若装在零线上，不能认为已切断电源。

b. 用带有绝缘柄的利器切断电源线。

c. 找不到开关或插头时，可用干燥的木棒、竹杆等绝缘体将电线拨开，使触电者脱离电源。

d. 可用干燥的木板垫在触电者的身体下面，使其与地绝缘。如遇高压触电事故，应立即通知有关部门停电。要因地制宜，灵活地运用各种方法，快速切断电源。

2）现场救护。若触电者呼吸和心跳均未停止，此时应使触电者就地躺平，安静休息，不要让触电者走动，以减轻心脏负担，并应仔细观察呼吸和心跳的变化；若触电者心脏脉搏停止，应立即按心肺复苏方法进行抢救。

（2）注意事项。

1）动作一定要快，尽量缩短触电者的带电时间。

2）切不可用手、金属或潮湿的导电物体直接触碰触电者的身体或与触电者接触的电线，以免引起抢救人员自身触电。

3）解脱电源的动作要用力适当，防止因用力过猛使带电电线击伤在场的其他人员。

4）在帮助触电者脱离电源时，应注意防止触电者被摔伤。

5）进行人工呼吸或胸外按压抢救时，不得轻易中断。

4. 昏迷

（1）处理方法。

1）一旦发现有人昏迷，迅速观察伤者的意识状态，同时检查伤者的呼吸及心跳情况，一旦发生心脏骤停或者呼吸停止，立即进行现场人工呼吸。使伤者平卧，松解衣领，避免气道受阻。将其头部后仰并偏向一侧，以保持伤者的呼吸道通畅，及时清理伤者呕吐及分泌物，防止窒息。

2）如果因事故导致的昏迷，应警惕潜在危险，保持空气流通。

3）高热伴昏迷伤者可用酒精擦浴，在颈部、腋下和腹股沟等大动脉处置放冰袋、冰帽进行降温，但需用干毛巾包裹，避免冻伤。

4）低血糖出现的昏迷，如延误治疗可能出现不可逆的脑损害。应迅速补充葡萄糖，就近取用饼干、果汁、糖果等进食可取得立竿见影的效果。

5）对于原因不明的昏迷，或昏迷不能缓解，应立即拨打"120"急救电话，在专业救护人员护送下，送医院治疗。

（2）注意事项。

1）躁动不安的昏迷患者应有人看护，防止发生摔伤、撞伤等意外；要注意为昏迷患者保暖。

2）不要为了弄醒伤者而拍打、摇晃伤者头部，不要胡乱翻转、拖拉和搬运伤者。

3）不要在伤者脑后放高枕，以免阻塞呼吸道入口而出现窒息。

5. 心绞痛

（1）症状。心绞痛是冠状动脉供血不足，心肌急剧的暂时缺血与缺氧所引起的以发作性胸痛或胸部不适为主要表现的临床综合征。

特点为前胸阵发性疼痛、压榨性疼痛，可伴有其他症状，疼痛主要位于胸骨后部，可放射至心前区与左上肢，劳动或情绪激动时常发生，每次发作持续 3～5min，可数日一次，也可一日数次，休息或用硝酸酯类制剂后消失。

（2）处理方法。停止一切活动，平静心情，可就地站立休息，无须躺下，以免增加回心血量而加重心脏负担。

随身携带急救药物，如硝酸甘油片一片，嚼碎后含于舌下，通常 2min 左右疼痛即可缓解。如果效果不佳，10min 后可再在舌下含服一片，以加大药量。注意，无论心绞痛是否缓解，或再次发作，都不宜连续含服三片以上的硝酸甘油片。

经以上治疗疼痛不能缓解或本次发作较平时重且持续时间长者，应考虑是否有急性心肌梗死的可能，及时到医院检查治疗。

（3）注意事项。

1）避免进食高脂肪、高胆固醇的食物，注意降血脂治疗，避免心脏血管堵塞。

2）多吃水果、新鲜蔬菜，避免吃火锅等辛辣刺激食物。适量饮用红酒、苹果醋可软化血管，减少心绞痛发作。调整作息时间，应适当休息，减轻工作量。

3）初发心绞痛的伤者，往往未随身携带急救药物，避免情绪激动，及时到医院救治即可。

6. 扭伤

（1）处理方法。扭伤是关节部位的损伤。一旦受伤，应立即用弹性绷带包好，并将受伤部位垫高，避免再次损伤。

在扭伤发生的 48h 之内，受伤部位的软组织渗出加重，应该用冰袋冷敷，减少渗出，1 次 /h，每次 30min；48h 之后，受伤部位开始吸收之前的渗出，这时应该换为热敷，加快受伤部位的血液循环可以加快消肿。

（2）注意事项。如果经上述方法处理后，7d 之内不能缓解伤痛甚至加重，可能存在骨折、肌肉拉伤或者韧带断裂，需要立即到医院检查治疗。

第五节　有限空间事故应急救援任务书（示例）

1. 任务描述

随着电网发展，电缆线路逐年增加，电缆隧道有限空间作业过程中发生窒息、中毒、高坠、坍塌等风险大幅上升，作业事故时有发生，且经常因施救不当或盲目施救导致伤亡扩大，有限空间救援能力亟待加强。

本案例模拟一处正常运行的电缆隧道，突发有害气体侵入，导致一名作业人员被困，须立即开展救援处置工作。现场准备必要的救援装备物资，指定位置放置现场急救（心肺复苏）用的模拟人。

参赛队伍须完成以下操作：勘查有限空间环境状况，组织实施进入式救援，将受困人员救至安全区域，根据受困人员伤情进行现场急救（心肺复苏 +AED）。

2. 操作任务要求

（1）每支参赛队伍 5 名选手参赛，工作负责人 1 名，成员 4 名，工作负责人不允许参与操作。

（2）裁判员发放工作任务书（包括有害气体类型、浓度、救援井口位置、风向等），参赛队伍自行熟悉现场作业环境、检查核对工器具、心肺复苏试按压，3min 一到即停止（此时间不在比赛用时内）。

（3）工作负责人模拟向上级部门汇报现场情况，向裁判汇报已拨打"119"火警或"120"急救电话。

（4）开展现场勘查，进行风险辨识，评估救援行动的可行性、安全性；制订救援方案，进行工作分工、安全措施交底和危险点告知。

（5）完善现场安全措施，选取合格救援装备，正确穿戴个体防护装备，持续通风，搭建三脚架提拉系统。

（6）实施进入式救援，利用隔绝式紧急逃生呼吸器、卷式担架救助模拟伤员，利用三脚架提拉系统，将模拟伤员提升至地面，并转移至安全区域。

（7）对受困人员（心肺复苏模拟人）进行伤情研判，立即进行现场急救。

（8）现场恢复至进场状态，总结会后，工作负责人向裁判员汇报工作终结，裁判停止计时。

（9）比赛操作时间为 45min，比赛结束前 5min 提醒一次，时间到，停止比赛。

3. 考核要点

（1）规范着装、文明操作。

（2）救援求助电话内容全面规范。

（3）救援现场勘查正确全面，分工合理、安全措施完备、危险点管控措施执行规范。

（4）救援装备、工器具的正确选择和使用。

（5）救援作业流程安全可控，救援人员安全防护措施到位。

（6）现场急救（心肺复苏 +AED）的规范性和正确性。

（7）安全文明操作。

4. 场地设置

场地长 ×m、宽 ×m，面积约 ×m²，工位内设置模拟隧道操作区、地面作业区。模拟隧道操作区内设置裁判区、安全员区、安全区，地面作业区设置裁判区、医疗裁判区、装备区、摆放区。

5. 标准工位装备清单

装备区物料明细表（每个工位）如表 9-1 所示。

表 9-1　　　　　　　　装备区物料明细表（每个工位）

序号	名称	规格型号	单位	数量	厂家	图示	备注
1	安全帽		顶	6			
2	安全带		条	2			
3	三脚架		套	1		 	

续表

序号	名称	规格型号	单位	数量	厂家	图示	备注
4	速差自控器		个	1		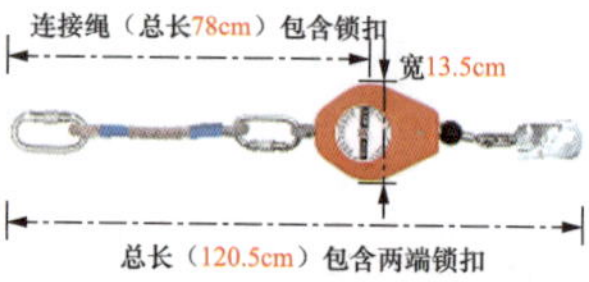 连接绳（总长78cm）包含锁扣 宽13.5cm 总长（120.5cm）包含两端锁扣	
5	卷式担架		个	1		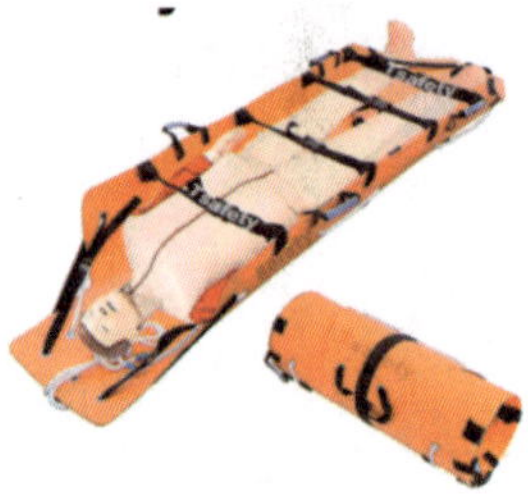	
6	模拟人		个	1			
7	绝缘梯		架	1			
8	正压式空气呼吸器		套	4			

续表

序号	名称	规格型号	单位	数量	厂家	图示	备注
9	隔绝式紧急逃生呼吸器		套	2		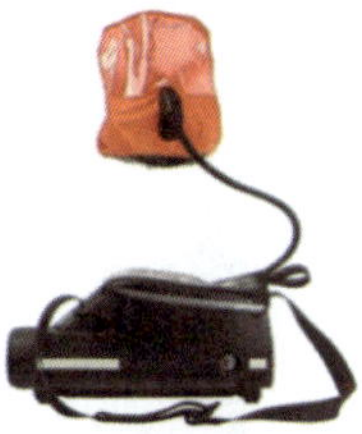	
10	便携式气体检测报警仪		台	3			
11	移动式风机		台	1			市电驱动
12	防爆头灯		个	6			
13	救援专用防爆手电筒		个	2		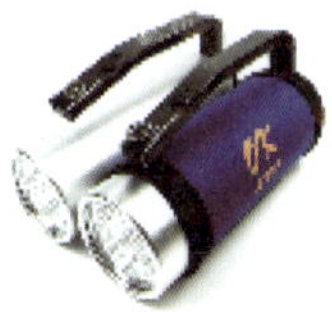	
14	防爆对讲机		台	6			

续表

序号	名称	规格型号	单位	数量	厂家	图示	备注
15	骨传导耳机		套	4			
16	安全告知牌		个	2		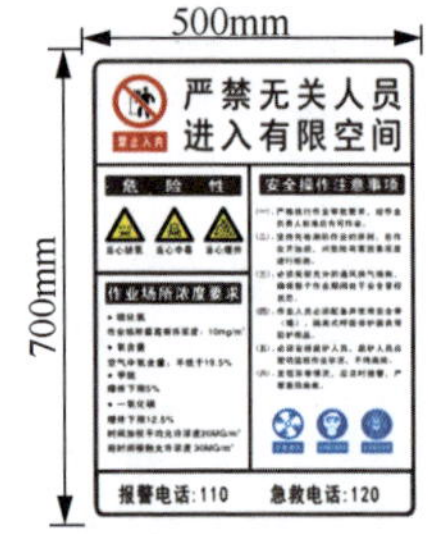	
17	安全标识牌		套	2			
18	井盖开启器		个	2			
19	交通锥		个	4			
20	夜间警示灯		个	2			

医疗急救区物料明细表（每个工位）如表 9-2 所示。

表 9-2 医疗急救区物料明细表（每个工位）

序号	名称	规格型号	单位	数量	厂家	图示	备注
1	心肺复苏模拟人		个	1			
2	AED 训练机		套	1			

6. 危险点分析及预控措施

为保证项目顺利、安全实施，确保参训人员、师资及设备安全，针对项目进行危险点分析并制定预控措施。实施过程中，根据表 9-3 内项目检查核对。危险点分析及预控措施如表 9-3 所示。

表 9-3 危险点分析及预控措施

序号	风险分析	预控措施
1	有毒气体	严格落实呼吸和躯体防护措施并进行通风，准备防毒面具
2	窒息风险	落实呼吸防护措施
3	气体爆燃	穿着全套防静电内衣，使用防爆（电台、无火花器具等）器具
4	坠落风险	采取双绳保护措施，绳索应避开尖锐部位或采取护套保护
5	砸伤风险	地面开口部位必须实施保护，防止坠落物砸伤受困人员和井下作业人员
6	倒塌风险	地面开口部位必须减少现场人员数量，不得在其附近停放或移动车辆，减少震动和承载；存在坍塌风险的井壁或横向救生通道必须进行可靠的支撑加固

第六节　有限空间事故应急救援评分细则（示例）

参赛队编号：　　　工位号：　　　所用时间：　　　分　　　秒　　　得分：

序号	项目	考核要点	分值	评分标准	扣分原因	扣分	得分
1	工作准备						
1.1		参赛队队员戴安全帽，穿工作服，着装整洁，入场整齐，精神面貌良好	3	（1）安全帽佩戴不正确，扣 1 分； （2）着装有纽扣未扣、挽袖、卷裤腿、鞋带未系好等不符合着装要求的，每处扣 1 分； （3）入场不整齐、未列队，扣 1 分			
2	信息报告						
2.1		报警求救、向上级汇报	（1）报警求救和向上级汇报电话内容应全面、无缺项； （2）报告时应声音洪亮、吐字清晰	4	（1）未报告，扣 4 分； （2）报告内容（报警人或报告人姓名、工作单位、联系电话、突发事件地点、现场情况、人员受伤情况）每缺一项，扣 1 分； （3）报告声音不清晰，扣 2 分			
3	救援准备						
3.1		现场勘查	（1）勘查现场环境； （2）勘查现有安全措施； （3）勘查隧道结构情况； （4）勘查内容全面、无遗漏	5	（1）未进行现场环境、现场安全措施、隧道情况勘查，扣 5 分； （2）未填写勘查记录，扣 2 分； （3）现场环境勘查内容（地面环境、天气情况、交通情况）不全面，每缺一项扣 1 分； （4）现场安全措施内容（围栏警戒范围、警示标识）不全面，每缺一项扣 1 分； （5）隧道情况内容（隧道类型、井盖状态、隧道通风情况）不全面，每缺一项扣 1 分			

续表

序号	项目	考核要点	分值	评分标准	扣分原因	扣分	得分
3.2	隧道气体评估检测	气体检测仪正确开机、自检、电量检测	2	(1) 检测仪气体采样管未连接完毕就开机，扣1分； (2) 未在洁净空气内开机，扣1； (3) 开机后，未检测电量，扣1分； (4) 开机后，未检测设备初始读数，扣1分； (5) 开机后，未检测仪器设备所设最高允许浓度、报警浓度，扣1分			
		检测：上、中、下三点检测；读数准确	3	(1) 仪器读数未归零开始检测，扣1分； (2) 三点检测，缺点，每点扣1分； (3) 每点停留少于1min就读数，扣1分			
		记录：正确填写检测记录（根据任务书标注的有毒气体数值填写）	2	(1) 检测记录填写错误，扣1分； (2) 判断超标错误，扣1分			
3.3	风险辨识	(1) 基于工作任务书、现场勘查、隧道气体检测情况，开展风险辨识 (2) 风险辨识应全面准确	2	(1) 未开展风险辨识，扣2分； (2) 风险辨识（中毒、高处坠落、触电、物体打击、碰伤划伤、落物伤人、高温中暑）不全面，每缺一项扣0.5分			
3.4	救援方案及分工	(1) 组织拟订救援方案； (2) 救援方案包括救援流程、危险点告知、安全防范措施、人员分工； (3) 明确任务和作业分工及协同行动事项； (4) 救援方案及分工应清晰、全面	5	(1) 未拟定救援方案，扣3分； (2) 救援方案内容不全，每少一项扣1分； (3) 未进行人员分工，扣2分； (4) 救援方案不清晰，扣1分			

续表

序号	项目	考核要点	分值	评分标准	扣分原因	扣分	得分
3.5	救援装备检查	检查救援装备零部件齐全、完好	5	(1) 未开展救援装备完好性检查，扣5分；(2) 救援装备（三脚架、速差自控器、绞盘、绞绳、排风机、风管、燃油发电机、卷式担架）零部件齐全、完好检查，每缺一项扣1分			
3.6	完善现场安全措施	(1) 增设围挡设施扩大作业区域；(2) 增加安全告知牌和信息公示牌；(3) 增设交通警示标识；(4) 打开通风井口	5	(1) 未增设围栏设施，扣2分；(2) 未增设标识，标识，扣2分；(3) 未设置交通示警，扣2分；(4) 未使用专用工具开启井盖，扣1分			
		正确固定连接风机、风管；正确设置风管出风口位置	4	(1) 风机、风管固定不牢，扣1分；(2) 风机与风管连接不牢固，通风后风机、风管脱离，扣1分；(3) 风管出风口未达隧道底板，扣1分；(4) 风管出风口未朝向救援方向，扣1分			
3.7	持续通风	正确安装发电机	4	(1) 未安装发电机，扣4分；(2) 燃油发电机未放置在绝缘垫上，扣2分；(3) 燃油发电机未布置在井口下风侧（见风向牌），扣2分；(4) 燃油发电机外壳未接地，扣1分；(5) 燃油发电机未装有漏电保护器，扣1分；(6) 风机与发电机连接不良，送电跳闸，扣2分			
		救援期间保持连续通风	2	救援期间同未保持连续通风，扣2分			
3.8	搭建三脚架	正确安装三脚架	5	(1) 三脚架三脚支点未用绳带进行连接固定，扣1分；(2) 三脚架地下定位底脚未固定，扣1分；(3) 三脚架、绞盘插销未到位，扣1分；(4) 绞绳未安装在滑轮上，扣1分；(5) 未安装速差自控器，扣2分			

续表

序号	项目	考核要点	分值	评分标准	扣分原因	扣分	得分
		正确佩戴安全帽	1	(1) 未检查有效期，扣 0.5 分； (2) 佩戴前，未检查帽壳、帽衬、帽箍、顶衬、下颏带等附件完好无损，扣 0.5 分； (3) 未正确佩戴安全帽，帽带、帽箍、松紧调整，一处扣 0.5 分			
		正确选择、检查、穿戴全身式安全带	3	(1) 未选择适合自身体型的安全带，扣 1 分； (2) 未进行带检查，金属配件、连接扣完好性检查，缺少一项扣 1 分； (3) 未检查检验证有效期，扣 1 分； (4) 安全带肩带、腰带、腿带收紧，每处扣 1 分； (5) 安全带收紧后，多条尾带整理固定，每处扣 1 分； (6) 安全带腿带未扣，扣 3 分			
3.9	选取穿戴个人防护装备	正确检查、穿戴正压式空气呼吸器	10	(1) 未检查背板、背带完好性，扣 1 分； (2) 未检查导气管畅通情况，扣 1 分； (3) 未检查面罩气密性，扣 4 分； (4) 未检查气瓶检验有效期，扣 2 分； (5) 未检查气瓶气压，扣 1 分； (6) 使用气压低于 25MPa 的气瓶，扣 4 分； (7) 未检查低压报警哨，扣 2 分； (8) 穿戴后，未系紧肩带、腰带，扣 4 分； (9) 穿戴后头带未紧固，扣 2 分； (10) 面罩佩戴后漏气，扣 2 分； (11) 气瓶未固定牢牢，扣 2 分			
		正确检查、穿戴防爆灯	2	(1) 未检查防爆头灯电源状况，扣 1 分； (2) 未检查防爆头灯完好性，扣 1 分； (3) 防爆头灯与安全帽固定不牢，扣 1 分			

续表

序号	项目	考核要点	分值	评分标准	扣分原因	扣分	得分
3.9	选取穿戴个人防护装备	正确检查、佩戴气体检测仪	2	(1) 开机后，未检测电量，扣1分；(2) 开机后，未检测设备初始读数，扣1分；(3) 开机后，未检测仪器所设最高允许浓度、报警浓度，扣1分；(4) 未佩戴车固气体检测仪，扣1分			
		正确检查、佩戴防爆对讲机	2	(1) 未检测防爆对讲机是否有电，扣1分；(2) 未佩戴防爆车固对讲机，扣1分			
4	救援行动						
4.1	确定联络信号	(1) 明确联络信号；(2) 对讲机对频试用	2	(1) 未会同明确确络信号，扣2分；(2) 未调试防爆对讲机，扣1分			
		检查救援人员个人防护装备是否配备到位	4	(1) 工作负责人未检查确认救援人员个人防护装备配备的齐全性，扣2分；(2) 救援人员个人防护装备配备不齐全，每缺一项扣3分			
		救援人员打开防爆头灯，挂安全绳，沿绝缘梯进入模拟电缆隧道	2	(1) 未打开防爆头灯，扣1分；(2) 未挂安全绳，扣1分；(3) 未沿绝缘梯进入模拟隧道，扣1分；(4) 地面人员未扶住绝缘梯，扣1分			
4.2	进入式救援	查看汇报伤员伤情，传递隔离式逃生呼吸器和卷式担架	2	(1) 未查看汇报伤员伤情，扣1分；(2) 未利用三脚架上、下传递物品，扣1分			
		伤员穿戴隔离式逃生呼吸器	4	(1) 模拟伤员未穿戴隔离式逃生呼吸器，扣4分；(2) 模拟伤员戴隔离式逃生呼吸器后，气瓶未打开，扣4分；(3) 模拟伤员戴隔离式逃生呼吸器后，面罩漏气，扣4分			

续表

序号	项目	考核要点	分值	评分标准	扣分原因	扣分	得分
4.2	进入式救援	利用卷式担架固定伤员，并搬运至井口	4	(1) 伤员与卷式担架头尾颠倒，扣3分；(2) 伤员胸部、腿部固定不牢，扣3分；(3) 卷式担架吊装绑扎口不平，扣3分；(4) 卷式担架移动时，伤员头部朝下，扣2分			
		利用三脚架提升卷式担架，并移动至安全区	5	(1) 提升过程中，三脚架倾斜，扣3分；(2) 提升过程中，伤员头部朝下，扣3分；(3) 提升前，一名救援人员应提前出井，配合地面人员，协同操作，两人未协作操作的，扣3分			
4.3	现场急救（心肺复苏）	现场急救的规范性	—	参见《心肺复苏评分细则》			
5	整理物品，申请离场	(1) 解除通信链路连接，上交任务书；(2) 比赛结束，做到"工完、场清、料尽"，并整理好个人装备和物品；(3) 参赛选手向裁判汇报工作终结，裁判许可后，停止计时，选手离场	10	(1) 未回到竞赛工位即解除通信链路连接，扣2分；(2) 未上交任务书，扣2分；(3) 未清理现场，扣5分；(4) 未向裁判汇报工作结束，扣5分；(5) 离场时，有遗漏设备，或者将非个人设备带走，每件扣5分			
6	完成时间						
6.1	时间分	时间规定为40min	10	(1) 用时最短选手得分为10分，其余选手按下列公式计算用时分：选手得分＝用时最短选手所用时间/本人操作时间×10；(2) 40min内未完成比赛，该项不得分			

191

续表

序号	项目	考核要点	分值	评分标准	扣分原因	扣分	得分
7	其他扣分项						
7.1		出现以下几种情况者，一经发现，取消比赛成绩	—	（1）个人着装及携带的装备外观或电脑桌面带有明显标志、比赛任务书上做标记等，有向裁判泄露参赛队员身份的情况； （2）自带设备安装有微信、QQ等通信软件，装有手机定位及轨迹记录等情况； （3）比赛过程中，存在录音、录屏、截屏或拍照等情况； （4）不服从裁判安排或扰乱现场秩序的情况			
8	得分						
8.1	本科目总分100分，每项分值扣完完为止，不得扣分						

裁判长签名：　　　　　裁判员签名：　　　　　　　日期：　　　年　　月　　日

192

第七节 心肺复苏项目评分标准（示例）

参赛队选手编号：　　　　工位号：　　　　所用时间：　　分　　秒　　得分：

序号	考核要点	分值	评分标准	扣分原因	得分
1	工作准备：选手可在开始前试按压 10 次、吹气 2 次。结束后，选手向考官示意，测试完毕，无问题。也可提出申请更换另一台设备，申请后，不可撤回				
1.1	(1) 着装整洁，仪表端庄； (2) 比赛开始前，应戴安全帽、线手套（生产现场安全要求）；操作模拟人前，应摘除安全帽及线手套	2	(1) 比赛开始前，着装等不符合要求，扣 1 分； (2) 操作模拟人时，未摘除安全帽、线手套，扣 1 分		
2	评估环境				
2.1	观察周围环境，双臂伸直、五指并拢、掌心向下，要有上、左、下、右观察动作，确定安全并口述"周围环境安全，已做好个人防护"	2	(1) 观察、评估动作不到位，扣 1 分； (2) 未口述、口述不完整或口述不清晰，扣 1 分； (3) 未进行环境评估，该项不得分		
3	判断意识				
3.1	拍伤员双肩（计时开始），分别对双耳呼叫，呼叫声响亮有效	2	(1) 不拍伤员双肩、不执行双耳呼叫、动作不规范，扣 1 分； (2) 漏项，每处扣 1 分		
3.2	整理病人体位，解开衣扣拉链、松解腰带	3	(1) 未解开衣扣拉链、松解腰带，每处扣 1 分； (2) 未整理伤员体位，该项不得分		

续表

序号	考核要点	分值	评分标准	扣分原因	得分
3.3	（1）用"看、听、感觉"判断呼吸，用手贴近病人口、鼻处，头侧向病人胸部，看病人胸部有无起伏，耳听有无呼吸音；面颊向病人呼吸道有无气体逸出，判断高度不大于10cm；（2）时间约为5～10s，口述"病人无意识、无自主呼吸"	4	（1）看、听、感觉动作不规范，扣1分；（2）判断高度大于10cm，扣1分；（3）判断时间大于10s或小于5s，扣1分；（4）未口述或口述不清晰，扣1分；（5）未判断，该项不得分		
4	呼救				
4.1	（1）寻求别人帮助，"快来人，这边有人晕倒了；我是救护员，会救护的来帮忙"；（2）指定专人拨打120（与裁判口述"拨打120"）；（3）附近有AED的请求帮忙拿过来（与裁判口述"拿AED"）	4	（1）呼救者未表明身份、寻求帮助，扣1分；（2）未指定专人拨打120，扣1分；（3）未请求帮忙拿AED，扣1分；（4）口述不清晰、口述错误，扣1分；（5）未口述，该项不得分		
5	（1）施救者双腿分开与肩同宽，跪于伤者一侧；（2）按压位置，胸骨中下1/3段；双手掌根重叠，十指相扣，五指伸直或翘起；肩、肘、腕关节为轴，上半身前倾；以髋关节为轴，向下垂直按压	4	（1）施救者与伤员体位不正确，扣1分；（2）按压姿势不正确，每项扣1分		
5.1	有效按压（绿灯亮有效），按压频率每分钟100～120次 第一周期	6	（1）位置不正确，每周期扣5分；（2）按压次数，每减少或增加1次扣1分；（3）按压每错1次，扣0.2分；（4）频率不符，扣5分；（5）每周期扣分扣完为止，不再倒扣另外周期分值）		
	第二周期	6			
	第三周期	6			
	第四周期	6			
	第五周期	6			
	观察伤员面色（每周期）	3	无观察动作每周期扣1分		

续表

序号	考核要点	分值	评分标准	扣分原因	得分
6	人工呼吸				
6.1	检查口腔异物，将伤者头偏向一侧，自上而下清除异物	3	(1) 观察口腔有无异物方法不正确，扣1分； (2) 清除口腔异物方法错误，扣2分； (3) 未进行操作该项，不得分		
	用仰头举颏法将气道打开，使头后仰	5	(1) 压头方法不规范，扣2分； (2) 抬颏方法不正确，扣2分； (3) 气道打开角度不足90°，扣1分		
6.2	有效人工呼吸（绿灯亮有效）第一周期	3	(1) 压头，抬颏，捏、放鼻翼动作不正确或漏气，每次扣0.5分； (2) 吹气每增加或减少1次，扣1分； (3) 吹气错误，扣1分/次； (4) 不转头呼吸新鲜空气，扣1分/次；		
	第二周期	3			
	第三周期	3			
	第四周期	3			
	第五周期	3			
7	复检 观察患者胸廓起伏情况（每周期）	3	无观察动作每次扣1分		
7.1	(1) 判断颈动脉搏动是否恢复，检查颈动脉搏动方法正确（右手食指和中指并拢沿下颌骨向下滑至喉结处，向内侧约2～3cm处）； (2) 判断呼吸是否恢复； (3) 判断时间为5～10s	4	(1) 判断颈动脉方法或位置不正确，每项扣1分； (2) 判断呼吸高度大于10cm，扣1分； (3) 看、听、感觉动作不规范，扣1分； (4) 判断时间大于10s或小于5s，扣1分； (5) 未判断，该项不得分		

续表

序号	考核要点	分值	评分标准	扣分原因	得分
7.2	最后口述"病人自主呼吸恢复，可触及颈动脉搏动，心肺复苏成功"	2	未口述或口述不清晰，扣2分		
8	时间要求				
8.1	时间从拍双肩开始至最后两次人工呼吸结束	10	(1) 150～160s，得10分； (2) 161～165s，得8分； (3) 166～170s，得6分； (4) 超过170s，不得分； (5) 少于150s，则每5s扣2分，140s以下不得分		
9	整理现场	4			
9.1	(1) 整理伤员衣服，做好人文关怀 (2) 清理现场遗留物，报告操作完毕		(1) 未整理伤员衣服，扣1分； (2) 未体现人文关怀，扣2分； (3) 未清理现场，扣1分		

备注：每项分值扣完为止、不得倒扣分。按压、吹气正确次数及按压频率是否正确以电脑评判为准

裁判长签名：

裁判员签名：

日期： 年 月 日

附录 A
典型有害气体的 MSDS

MSDS（material safety data sheet）是化学品安全技术说明书或物质安全数据表。它是一份详细的文件，用于阐明化学品的理化特性（如酸碱值、闪点、易燃度、反应活性等）和基本危害信息，包括对使用者健康可能造成的危害（如致癌、致畸等），以及安全使用、储存、运输和应急处理等方面的指导。

硫化氢安全技术说明书

第一部分：化学品名称及企业标识

化学品中文名称：硫化氢

化学品英文名称：hydrogen sulfide

企业名称：

地址：

邮编：

电子邮件地址：

传真号码：

企业应急电话：

技术说明书编号：

修改日期：

登记号：

第二部分：危险性概述

危险性类别：第 2 类易燃气体

侵入途径：吸入、食入

健康危害：本品是强烈的神经毒物，对粘膜有强烈刺激作用。急性中毒：短期内吸入高浓度硫化氢后出现流泪、眼痛、眼内异物感、畏光、视物模糊、流涕、咽喉部灼热感、咳嗽、胸闷、头痛、头晕、乏力、意识模糊等。部分患者可有心肌损害。重者可出现脑水肿、肺水肿。极高浓度（1000mg/m³ 以上）时可在数秒钟内突然昏迷，呼吸和心脏骤停，发生闪电型死亡。高浓度接触眼结膜发生水肿和角膜溃疡。长期低浓度接触，引起神经衰弱综合征和植物神经功能紊乱。

环境危害：对环境有危害，具有强刺激臭鸡蛋气味，对水体和大气可造成污染。

燃爆危险：本品易燃。

第三部分：成分／组成信息

纯品：

混合物：√

有害成分：硫化氢

浓度：6% ～ 10%

CAS No：7783-06-4

第四部分：急救措施

皮肤接触：用大量流动清水或生理盐水彻底冲洗。

眼睛接触：立即提起眼睑，用大量流动清水或生理盐水彻底冲洗至少15min。就医。

吸入：迅速脱离现场至空气新鲜处。保持呼吸道通畅。如呼吸困难，给输氧。如呼吸停止，立即进行人工呼吸。就医。

食入：饮足量温水，催吐。就医。

第五部分：消防措施

危险特性：易燃，与空气混合能形成爆炸性混合物，遇明火、高热能引起燃烧爆炸。与浓硝酸、发烟硝酸或其他强氧化剂剧烈反应，发生爆炸。气体比空气重，能在较低处扩散到相当远的地方，遇火源会着火回燃。

有害燃烧产物：二氧化硫。

灭火方法：消防人员必须穿全身防火防毒服，在上风向灭火。切断气源，若不能切断气源，则不允许熄灭泄漏处的火焰。喷水冷却容器，可能的话将容器从火场移至空旷处。灭火剂，雾状水、抗溶性泡沫、干粉。

灭火注意事项：消防员应着全身防火、防毒、防静电工作服，戴正压式呼吸器等。

第六部分：泄漏应急处理

迅速撤离泄漏污染区人员至上风处，并立即进行隔离，小泄漏时，隔离150m；大泄漏时，隔离300m，严格限制出入。切断火源，建议应急处理人员戴正压式呼吸器，穿防静电工作服。从上风处进入现场，尽可能切断泄漏源。合理通风，加速扩散。喷雾状水稀释、溶解。构筑围堤或挖坑收集产生的大量废水。如有可能，将残余气或漏出气用排风机送至水洗塔或与塔相连的通风橱内。或使其通过三氯化铁水溶液，管路装止回装置以防溶液吸回。漏气容器要妥善处理，修复、检验后再用。

第七部分：操作处置与储存

操作注意事项：严格密闭，提供充分的局部排风和全面通风。操作人员必须经过专门培训，严格遵守操作规程。建议操作人员佩戴过滤式防毒面具（半面罩），戴化学安全防护眼镜，穿防静电工作服，戴防化学品手套。远离火种、热源，工作场所严禁吸烟。使用防爆型的通风系统和设备。防止气体泄漏到工作场所的空气中。避免与氧化剂、碱类接触。在传送过程中，管道和容器必须接地和跨接，防止产生静电。配备相应品种和数量的消防器材及泄漏应急处理设备。

储存注意事项：远离火种、热源。气柜温度不宜超过30℃用水保持气柜密封和恒压。应与氧化剂、碱类分开存放，切忌混储。采用防爆型照明、通风设施。禁止使用易产生火花的机械设备和工具。储存区应备有泄漏应急处理设备。

第八部分：接触控制和个体防护

中国 MAC（mg/m^3）：10

前苏联 MAC（mg/m^3）：10

美国 TLV-TWA：TWTW

OSHA：20ppm，28mg/m^3［上限值］

ACGIH：10ppm，14mg/m^3

TLVWN：ACGIH 15ppm，21mg/m^3

监测方法：硝酸银比色法。

工程控制：生产过程密闭，全面通风。提供安全淋浴和洗眼设备。

呼吸系统防护：空气中浓度超标时，佩戴过滤式防毒面具（半面罩）。紧急事态救助撤离时，建议佩戴氧气呼吸器或空气呼吸器。

眼睛防护：戴化学安全防护眼镜。

身体防护：穿防静电工作服。

手防护：戴防化学品手套。

其他防护：工作现场禁止吸烟、进食和饮水。工作完毕，淋浴更衣。及时换洗工作服。作业人员应学会自救互救。进入罐、限制性空间或其他高浓度区作业，须有人监护。

第九部分：理化特性

外观与性状：无色、有恶臭的气体

相对密度（水 =1）：无资料

相对蒸气密度（空气 =1）：1.19（纯品）

PH 值：无意义

熔点（℃）：-85.5（纯品）

沸点（℃）：-60.4（纯品）

闪点（℃）：无意义

饱和蒸气压（kPa）：2026.5（25.5℃）（纯品）

临界温度（℃）：100.4（纯品）

引燃温度：260（纯品）

临界压力（MPa）：9.01（纯品）

辛醇 / 水分配系数的对数值：无资料

爆炸上限［%（V/V）］：46.0

爆炸下限［%（V/V）］：4.0

溶解性：溶于水、乙醇

主要用途：用于采用克劳斯法工业生产硫磺等。

第十部分：稳定性和反应活性

稳定性：稳定

禁配物：强氧化剂、碱类

避免接触的条件：避免明火并接触空气

聚合危害：不能发生

燃烧产物：二氧化硫

第十一部分：毒理学资料

LD_{so}：无资料

LC_{so}：618mg/m³（大鼠吸入）

亚急性和慢性毒性：无资料

刺激性：轻度

致敏性：无资料

致突变性：无资料

致畸性：无资料

致癌性：无资料

第十二部分：生态学资料

生态毒理毒性：无资料

生物降解性：无资料

非生物降解性：无资料

其他有害作用：该物质对环境有危害，应注意对空气和水体的污染

第十三部分：废弃处置

废弃物性质：属于危险废物

废弃物处置方法：用克劳斯法通过焚烧催化氧化等过程，回收生产硫磺。

废弃注意事项：操作人员穿戴防护服，正压式呼吸器。

第十四部分：运输信息

危险品货物编号：21006

UN 编号：1053

包装类别：无意义

包装标志：无意义

包装方法：无意义

运输注意事项：内部生产中间过程气，气柜储存，不对外销售。

第十五部分：法规信息

法规信息：《危险化学品安全管理条例》《化学危险物品安全管理条例实施细则》《工作场所安全使用化学品规定》等法规，针对化学危险品的安全使用、生产、储存、运输、装卸等方面均做了相应规定；《化学品分类和危险性公示　通则》（GB 13690—2009）将该物质划为第 2.1 类 M 燃气体。

第十六部分：其他信息

参考文献：

（1）GB 13690—2009《化学品分类和危险性公示　通则》

（2）GB/T 16483—2008《化学品安全技术说明书内容和项目顺序》

一氧化碳安全技术说明书

第一部分　化学品名称

化学品中文名：一氧化碳

化学品英文名：carbon monoxide

第二部分　成分 / 组成信息

纯品：√

混合物：

有害成分：一氧化碳

浓度：

CAS No：630-08-0

第三部分　危险性概述

危险性类别：第 2.1 类不燃气体。

侵入途径：吸入、食入、经皮吸收。

健康危害：一氧化碳在血红中与血红蛋白结合而造成组织缺氧。

急性中毒：轻度中毒者出现头痛、头晕、耳鸣、心悸、恶心、呕吐、无力，血液碳氧血红蛋白浓度可高于 10%；中度中毒者除上述症状外，还有皮肤粘膜呈樱红色、脉快、烦躁、步态不稳、甚至中度昏迷，血液碳氧血红蛋白浓度可高于 30%；重度患者深度昏迷、瞳孔缩小、肌张力增强、频繁抽搐、大小便失禁、休克、肺水肿、严重心肌损害等，血液碳氧血红蛋白可高于 50%。

部分患者昏迷苏醒后，约经 2 ～ 60 天的症状缓解期后，又可能出现迟发性脑病，以意识精神障碍、锥体系或锥体外系损害为主。

慢性影响：能否造成慢性中毒及对心血管影响无定论。

环境危害：对环境有危害，对水体、土壤和大气可造成污染。

燃爆危险：本品易燃。

第四部分　急救措施

皮肤接触：

眼睛接触：

吸入：迅速脱离现场至空气新鲜处。保持呼吸道通畅。如呼吸困难，给输氧。呼吸、心跳停止时，立即进行人工呼吸和胸外心脏按压术。就医。

食入：

第五部分　消防措施

危险特性：是一种易燃易爆气体。与空气混合能形成爆炸性混合物，遇明火、高热能引起燃烧爆炸。有害燃烧产物：二氧化碳。

灭火方法：切断气源，若不能切断气源，则不允许熄灭泄漏处的火焰。喷水冷却容器，可能的话将容器从火场移至空旷处。灭火剂，雾状水、泡沫、二氧化碳、干粉。

第六部分　泄漏应急处理

应急行动：迅速撤离泄漏污染区人员至上风处，并立即隔离 150m，严格限制出入。切断火源。建立应急处理人员戴正压式呼吸器，穿防静电工作服。尽可能切断泄漏源。合理通风，加速扩散。喷雾状回稀释、溶解。构筑围堤或挖坑收集产生的大量废水。如有可能，将漏出气用排风机送至空旷地方或装设适当喷头烧掉。也可以用管路引导至炉中、凹地焚烧。漏气容器要妥善处理，修复、检验后再用。

第七部分　操作处置与储存

操作处置注意事项：严加密闭，提供充分的局部排风和全面通风。操作人员必须经过专门培训，穿防静电工作服。远离火种、热源，工作场所严禁吸烟。使用防爆型的通风系统和设备。防止气体泄漏到工作场所空气中。避免与氧化剂、碱类接触。在传送过程中，钢瓶和容器必须接地和跨接，防止产生静电。搬运时轻装轻卸，防止钢瓶及附件破损。配备相应品种和数量的消防器材及泄漏应急处理设备。

储存注意事项：储存于阴凉、通风的库房。远离火种、热源。库温不宜超过 30℃。一氧化碳应与氧化剂、碱类、食用化学品分开存放，切忌混储。采用防爆型照明、通风设施。禁止使用易产生火花的机械设备和工具。储区应备有泄漏应急处理设备。

第八部分　接触控制 / 个体防护

中国 MAC（mg/m^3）：30

前苏联 MAC（mg/m^3）：20

TLVTN：OSHA 50ppm，57mg/m^3

ACGIH：25ppm，29mg/m^3

TLVWN：未制定标准

监测方法：气相色谱法、发烟硫酸一五氧化二碘检气管比长度法。

工程控制：严加密闭，提供充分的局部排风和全面通风。生产生活用气必须分路。

呼吸系统防护：空气中浓度超标时，佩戴自吸过滤式防毒面具（半面罩）。紧急事态抢救或撤离时，建议佩戴空气呼吸器、一氧化碳过滤式自救器。

身体防护：穿一般作业工作服。

手防护：戴一般作业防护手套。

其他防护：工作现场严禁吸烟。实行就业前和定期的体检。避免高浓度吸入。进入罐、限制性空间或其他高浓度区作业，须有人监护。

第九部分　理化特性

外观与性状：无色无臭的惰性气体

pH 值：

相对密度（水 =1）：0.79

相对密度（空气 =1）：0.97

燃烧热（kJ/mol）：无资料

临界压力（MPa）：3.50

闪点（℃）：<-50

爆炸下限 [%（V/V）]：12.5

最小点火能（MJ）：无资料

熔点（℃）：-248.7

沸点（℃）：-245.9

饱和蒸气压（kPa）：101.32（-246℃）

临界温度（℃）：-228.7

辛醇/水分配系数：无资料

引燃温度（℃）：无意义

爆炸上限 [%（V/V）]：无意义

最大爆炸压力（MPa）：无意义

溶解性：微溶于水，溶于乙醇、苯等多数有机溶剂。不溶于水。

主要用途：主要用于化学合成，如合成甲醇、光气等，及用作精炼金属的还原剂。

第十部分　稳定性和反应活性

稳定性：稳定

聚合危害：不聚合

避免接触的条件：

禁配物：强氧化剂、碱类

分解产物：

第十一部分　废弃处置

废弃物性质：

废弃物处置方法：用焚烧法处置

废弃注意事项：

第十二部分　运输信息

危险货物编号：21005

UN 编号：1016

包装标志：易燃气体；有毒气体

包装类别：Ⅱ类包装

包装方法：钢质气瓶

运输注意事项：采用钢瓶运输时，必须戴好钢瓶上的安全帽。钢瓶一般平放，并应将瓶口朝同一方向，不可交叉；高度不得超过车辆的防护栏板，并用三角木垫卡牢，防止滚动。运输时运输车辆应配备相应品种和数量的消防器材。装运该物品的车辆排气管必须配备阻火装置，禁止使用易产生火花的机械设备和工具装卸。严禁与氧化剂、碱类、使用化学品等混装混运。夏季应早晚运输，防止日光暴晒。中途运输时，要按规定路线行驶，禁止在居民区和人口稠密区停留。铁路运输时，要禁止溜放。

甲烷安全技术说明书

第一部分　化学品名称及企业标识

化学品中文名称：甲烷

化学品英文名称：Methane；Marsh gas。

企业名称：

地址：

邮编：

电子邮件地址：

传真号码：

企业应急电话：

技术说明书编号：

修改日期：

登记号：

第二部分　成分／组成信息

纯品：√

混合物：

化学品名称：甲烷

有害成分：甲烷

浓度：100%

GAS No：74-82-8

第三部分　危险性概述

危险性类别：第 2.1 类易燃气体

侵入途径：吸入

健康危害：空气中甲烷浓度过高，能使人窒息。当空气中甲烷达25%～30%时，可引起头疼、头晕、乏力、注意力不集中、呼吸和心跳加速、精细动作障碍等，甚至因缺氧而窒息、昏迷。

环境危害：该物质对环境污染有危害。

燃爆危险：与空气混合能形成爆炸性混合物，遇明火高热能引起燃烧爆炸。与氟等能发生剧烈的化学反应。若遇高热，容器内压增大，有开烈和爆炸的危险。

第四部分 急救措施

皮肤接触：若有冻伤，就医

眼睛接触：无资料

吸入：迅速脱离现场至空气新鲜处。注意保暖。当空气中甲烷达25%～30%时，可引起头疼、头晕、乏力、注意力不集中、呼吸和心跳加速、精细动作障碍等，甚至因缺氧而窒息、昏迷。

食入：无资料

第五部分 消防措施

危险特性：与空气混合能形成爆炸性混合物，遇明火、高热能引起燃烧爆炸。与氟等能发生剧烈的化学反应。若遇高热，容器内压增大，有开烈和爆炸的危险。有害燃烧产物：一氧化碳、二氧化碳。

灭火方法：切断气源。若不能切断气源，则不允许熄灭正在燃烧的气体。喷水冷却容器，可能的话将容器移到空旷地。灭火剂：泡沫、二氧化碳、雾状水。

第六部分 泄漏应急处理

应急处理：疏散泄漏污染区人员到安全区，禁止无关人员进入泄漏污染区，切断气源，周围设警告标识，建议应急处理人员戴好防毒面具，穿一般防护服。切断火源，喷雾状水稀释、溶解，抽排或强力通风。如有可能喷水冷却容器，将容器移到空旷地，注意通风。漏气容器不能再用，且要经过技术处理以清除可能余下的气体。

第七部分 操作处置与储存

操作注意事项：密闭操作，提供充分的局部排风和全面排风。

储存注意事项：易燃压缩气体，通风。温度不超过 30℃，远离火种和热源。防止日光直射。应与氧气、氯等分开。切不能混装混运，照明应用防爆型，开关设在窗外，配备相应的消防设施。

第八部分　接触控制／个体防护

最高容许浓度：中国 MAC：未制定标准。

工程控制：生产过程密闭，加强通风。

呼吸系统防护：高浓度环境中佩戴供气式呼吸器。

眼睛防护：一般不特殊防护，高浓度接触可戴安全防护眼镜。

身体防护：穿相应的防护服。

手防护：一般不特殊防护，高浓度接触可戴安全防护手套。

其他防护：工作现场严禁吸烟，避免长期接触。进入灌区或高浓度区作业，须有人监护。

第九部分　理化特性

外观与性状：无色、无臭气体

熔点（℃）：-182.5

相对密度（水 =1）：0.42/-164℃

沸点（℃）：-161.5

相对蒸气密度（空气 =1）：0.55

饱和蒸气压（kPa）：53.32/-168.8°0

闪点（℃）：-188

爆炸上限：[%（V/V）]：15

爆炸下限 [%（V/V）]：5.3

溶解性：微溶于水、微溶于乙醇、乙醚。

主要用途：用作燃料和用于炭黑、氢、乙炔等的制造。

第十部分　稳定性和反应性

稳定性：稳定

禁忌物：强氧化剂、氟、氯

聚合物：不能出现

分解产物：一氧化碳、二氧化碳

第十一部分　毒理学资料

急性毒性：

LD_{50}：无资料

LC_{50}：无资料

第十二部分　生态学资料

生态毒性：无资料

生物降解性：无资料

非生物降解性：无资料

第十三部分　废弃处置

废弃物性质：危险废物 √　工业固体废物。

废弃物处置方法：疏散泄漏污染区人员到安全区，禁止无关人员进入泄漏污染区，切断气源，建议应急处理人员戴好防毒面具，穿一般防护服。喷雾状水稀释、溶解，抽排或强力通风。如有可能喷水冷却容器，将容器移到空阔地，注意通风。

废弃注意事项：疏散泄漏污染区人员到安全区，禁止无关人员进入泄漏污染区，应急处理人员戴好防毒面具，穿一般防护服。喷雾状水稀释、溶解，抽排或强力通风。漏气容器不能再用，且要经过技术处理以清除可能余下的气体。

第十四部分　运输信息

危险货物编号：21007

UN 编号：1971

包装标志：4

运输注意事项：搬运时，轻装轻卸，防止包装及容器损坏，切忌混储混运。

第十五部分　法规信息

法规信息：《化学品分类和危险性公示　通则》（GB 13690—2009），将其划为第 2.1 类中易燃气体。《危险化学品安全管理条例》（2002 年 1 月 26 日国务院令 344 号发布），针对化学危险品的安全生产、使用、储存、运输等作了相关规定。

第十六部分　其他信息

无。

附录 B

有限空间作业安全相关法规标准和文件目录

（1）《中华人民共和国安全生产法》。

（2）《工贸企业有限空间作业安全规定》（中华人民共和国应急管理部令2023年第13号令）。

（3）《有限空间作业安全指导手册》（应急厅函〔2020〕299号）。

（4）《电力管道有限空间作业安全技术规范》（DL/T 2520—2022）。

（5）《国家电网有限公司有限空间作业安全工作规定》［国网（安监/4）1101-2022（指导）］。